U0226793

兴隆山
常见植物图谱

Atlas of Common Plants in Xinglong Mountain

李波卡　潘建斌　冯虎元　编著

兰州大学出版社
LANZHOU UNIVERSITY PRESS

图书在版编目（ＣＩＰ）数据

兴隆山常见植物图谱 / 李波卡，潘建斌，冯虎元编
著. -- 兰州：兰州大学出版社，2020.12
ISBN 978-7-311-05868-5

Ⅰ. ①兴… Ⅱ. ①李… ②潘… ③冯… Ⅲ. ①植物－
兰州－图谱 Ⅳ. ①Q948.524.2-64

中国版本图书馆CIP数据核字(2020)第272805号

责任编辑　梁建萍
封面设计　汪如祥

书　　名　兴隆山常见植物图谱
作　　者　李波卡　潘建斌　冯虎元　编著
出版发行　兰州大学出版社　（地址：兰州市天水南路222号　730000）
电　　话　0931-8912613(总编办公室)　0931-8617156(营销中心)
　　　　　0931-8914298(读者服务部)
网　　址　http://press.lzu.edu.cn
电子信箱　press@lzu.edu.cn
印　　刷　成都市金雅迪彩色印刷有限公司
开　　本　880 mm×1230 mm　1/32
印　　张　14.625
字　　数　210千
版　　次　2020年12月第1版
印　　次　2020年12月第1次印刷
书　　号　ISBN 978-7-311-05868-5
定　　价　58.00元

序

　　兴隆山位于甘肃省兰州市榆中县城西南，距兰州市 60 千米。古因"常有白云浩渺无际"而取名"栖云山"，向有"陇上名胜"之称，被誉为"陇右第一名山"。唐宋时期，兴隆山神殿庙宇甚多，现仅存清代所建飞跨兴隆峡的云龙桥（卧桥）一座。清康熙年间取复兴之意，改名"兴隆山"。

　　兴隆山是介于秦岭地槽系和祁连地槽系之间秦祁台块上的孤岛状石质山地，经中生代三叠纪末发生的印支运动和侏罗纪的燕山运动露出海面形成山地。地貌以石质山地和山间谷地为主要特征。马唧山与兴隆山南北对峙呈马鞍形，山体东西长约 37 千米，南北宽约 17 千米，山势走向呈西北西——东南东，地势南高北低，海拔在 2000～3600 米之间，马唧山主峰海拔 3670.3 米，是黄土高原范围内唯一超过 3600 米的高峰。兴隆山地处大陆性季风气候，属高寒半湿润性多雨气候。年平均气温 3～7℃，活动积温为 1800～2800℃；年降水量 450～622 毫米，马唧山主峰年降水量可达 800 毫米。无霜期 70～130 天。本区域土壤自下而上大致可分为灰钙土、棕色森林土、亚高山灌丛土、高山灌丛土和高山草甸土。

　　兴隆山植被属森林草原类型，分布有针叶林、落叶阔叶林、落叶阔叶灌木林、常绿阔叶灌木林、草甸、草原 6 种植被类型。据调查，兴隆山保护区有高等植物千余种。在区系组成上，该地区汇集了亚洲中部草原植物区系、青藏高原植物区系、中国–日本森林植物区系和中国–喜马拉雅森林植物区系四大植物区系成分，过渡带特性明显，北温带成分居多。其中，不乏有以本地区作为模式产地命名的物种，如榆中贝母（*Fritillaria yuzhongensis* G. D. Yu et Y. S. Zhou）、马啣山黄耆（注：《中国植物志》将其标注为"马衔山黄耆"）（*Astragalus ahoschanicus* Hand-Mazz.）和兴隆山棘豆（*Oxytropis xinglongshanica* C. W. Chang）等。

在多年调查和参阅资料的基础上，我们编著了《兴隆山常见植物图谱》。全书共收录常见维管植物455种，其中，蕨类植物7科8属10种，裸子植物3科4属5种，被子植物79科246属440种。被子植物的编排采用被子植物系统发育研究组（Angiosperm Phylogeny Group，简称APG）的最新植物分类系统APG IV（2016）。书中简明扼要地介绍了物种的形态特征，概括了相似物种的识别要点，并对物种的生境及保护区的分布给予了介绍。

图谱的编写，得到了很多人的帮助和鼓励，限于篇幅，不一一列举；第二次青藏高原综合科学考察研究（2019QZKK0301）、国家标本平台教学标本子平台（2005DKA21403-JK）和兰州大学教材建设基金给予经费支持；刘军、宋鼎、朱仁斌和朱鑫鑫等老师提供了部分照片。对上述支持，一并致以诚挚的谢意。

尽管多年来我们对兴隆山保护区植物的认识在不断深入，但由于作者水平有限，书中不足之处在所难免，恳请读者朋友们批评指正。

编著者

2020年10月

目 录

2

兴隆山

常见植物图谱

5

兴隆山常见植物图谱

7

兴隆山 常见植物图谱

兴隆山常见植物图谱

兴隆山常见植物图谱

11

兴隆山常见植物图谱

兴
隆
山
常
见
植
物
图
谱

兴隆山 常见植物图谱

□ **木贼属** *Equisetum*

—问荆—
Equisetum arvense

● **描述**：小型蕨类。枝二型；能育枝春季萌发，节间黄棕色，无轮茎分枝，有密纵沟；鞘筒栗棕色或淡黄色，鞘齿9～12枚，栗棕色，窄三角形，鞘背上部有1条浅纵沟；不育枝节间绿色，轮生分枝多，主枝中部以下有分枝，脊背部弧形，无棱；鞘筒绿色；鞘齿三角形，5～6枚，中间黑棕色，边缘膜质，淡棕色，宿存；侧枝柔软纤细，扁平状，有3～4条窄而高的脊；鞘齿3～5枚，披针形，绿色，边缘膜质，宿存。孢子囊穗圆柱形，顶端钝。

● **生境**：生于林下、林缘、灌丛、草地、溪流边及开阔地。

● **分布**：兴隆山景区林下、溪边有分布。

2

□─ 铁线蕨属 *Adiantum*

— 白背铁线蕨 —
Adiantum davidii

● **描述：** 陆生蕨类。叶疏生，叶柄深栗色，叶片三角状卵形，三回羽状；羽片3～5对，基部1对最大，长三角形，二回羽状，小羽片4～5对，基部1对椭圆形；复叠，扇形，顶部圆，具短宽三角形密锯齿；叶脉多回二歧分叉，达锯齿尖端，两面明显；叶干后坚草质，两面光滑；叶轴、各回羽轴和小羽柄均与叶柄同色，光滑。孢子囊群每末回小羽片1～2枚；囊群盖肾形或圆肾形，褐色，全缘，宿存。

● **生境：** 生于海拔1100～3400米的溪旁岩石上。

● **分布：** 兴隆山景区常见分布。

— 掌叶铁线蕨 —

Adiantum pedatum

描述： 陆生蕨类。根状茎直立或横卧。叶簇生或近生；柄栗色或棕色；叶片阔扇形，由叶柄的顶部二叉成左右两个弯弓形分枝，每个分枝上侧具4～6片一回羽状线状披针形羽片。孢子囊群横生于裂片先端浅缺刻内；囊群盖长圆形或肾形，淡灰绿色或褐色，膜质。

生境： 生于海拔350～3500米的林下沟旁。

分布： 兴隆山景区常见分布。

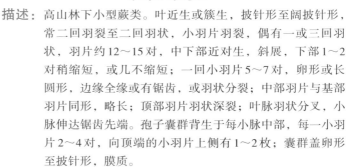

冷蕨属 *Cystopteris*

— 冷 蕨 —

Cystopteris fragilis

● **描述：** 高山林下小型蕨类。叶近生或簇生，披针形至阔披针形，常二回羽裂至二回羽状，小羽片羽裂，偶有一或三回羽状，羽片约12～15对，中下部近对生，斜展，下部1～2对稍缩短，或几不缩短；一回小羽片5～7对，卵形或长圆形，边缘全缘或有锯齿，或羽状分裂；中部羽片与基部羽片同形，略长；顶部羽片羽状深裂；叶脉羽状分叉，小脉伸达锯齿先端。孢子囊群背生于每小脉中部，每一小羽片2～4对，向顶端的小羽片上侧有1～2枚；囊群盖卵形至披针形，膜质。

● **生境：** 生于高山灌丛下、阴坡石缝中、岩石脚下或沟边湿地。

● **分布：** 兴隆山景区有分布。

□ 羽节蕨属 *Gymnocarpium*

— 羽节蕨 —
Gymnocarpium jessoense

描述：陆生蕨类。根茎细长横走，顶端和叶柄基部有棕色卵状披针形鳞片。叶疏生；叶片卵状三角形，叶片二至三回羽状，羽片5～8对，对生，斜上，下部的有柄，具关节着生叶轴，基部1对长三角形，二回羽裂，末回裂片全缘或有浅圆齿，侧脉单一，偶2叉；叶厚草质，上面淡绿色，下面浅绿色；叶柄上部和叶轴及羽轴下部（特别是基部羽片）有淡黄色小腺体。孢子囊群小，圆形，背生于侧脉中部；无盖。

生境：生于海拔500～4000米的林下阴湿处或山坡。

分布：兴隆山景区有分布。

□ 铁角蕨属 *Asplenium*

— 细茎铁角蕨 —

Asplenium tenuicaule

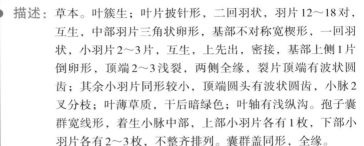

兴隆山 常见植物图谱

描述： 草本。叶簇生；叶片披针形，二回羽状，羽片12～18对，互生，中部羽片三角状卵形，基部不对称宽楔形，一回羽状，小羽片2～3片，互生，上先出，密接，基部上侧1片倒卵形，顶端2～3浅裂，两侧全缘，裂片顶端有波状圆齿；其余小羽片同形较小，顶端圆头有波状圆齿，小脉2叉分枝；叶薄草质，干后暗绿色；叶轴有浅纵沟。孢子囊群宽线形，着生小脉中部，上部小羽片各有1枚，下部小羽片各有2～3枚，不整齐排列。囊群盖同形，全缘。

生境： 生于林中树干上。

分布： 兴隆山景区零星分布。

□ **耳蕨属** *Polystichum*

中华耳蕨

Polystichum sinense

描述：陆生蕨类。根茎短，直立，密被披针形棕色鳞片。叶簇生；羽片窄椭圆形或披针形，二回羽状深裂或二回羽状，羽片24～32对，互生，具短柄，披针形，基部上侧耳状凸起，羽状深裂达羽轴，裂片7～14对，近对生，斜卵形或斜长圆形，基部斜楔形下延羽轴，上侧略有耳状凸起，两侧具小尖齿；叶脉羽状；叶草质，两面具纤毛状小鳞片；叶轴禾秆色，两面具线形棕色鳞片，下面混生宽披针形或窄卵形鳞片。孢子囊群着生裂片主脉两侧；囊群盖圆盾形，边缘缺刻状。

生境：生于海拔2500～4000米的高山针叶林下或草甸上。

分布：兴隆山景区有分布。

□ **槲蕨属** *Drynaria*

— 秦岭槲蕨 —
Drynaria sinica

● **描述：** 草本，常石生或土生，偶有树上附生。根状茎密被鳞片，基部有短耳，边缘具重齿。常无基生不育叶，有时基生叶顶部也生孢子囊群；基生不育叶椭圆形，羽状深裂达叶片的 2/3 或更深，裂片 10～12 对，边缘略成齿状，下部裂片缩短；正常能育叶的叶柄具明显的狭翅，叶片裂片 16～25 对，中部裂片边缘锯齿状，光滑或疏生短睫毛，顶生裂片常不发育；通常仅叶片上部能育。孢子囊群在裂片中肋两侧各 1 行，靠近中肋，在每 2 条相邻侧膜间仅有 1 个，生2～4 条小脉交汇处。

● **生境：** 生于海拔 1380～3800 米的山坡林下岩石上。

● **分布：** 兴隆山景区悬崖边有分布。

— 中华水龙骨 —
Polypodiodes chinensis

描述：附生蕨类。根茎长，横走，密被鳞片，乌黑色，卵状披针形，近全缘或具疏齿。叶疏生或近生；叶片卵状披针形或宽披针形，基部心形，羽裂渐尖头或尾状尖头，深羽裂或基部的几全裂，裂片15～25对，线状披针形，疏离，具锯齿，基部1对反折；叶脉网状，裂片中脉明显，禾秆色，侧脉和小脉纤细，不显；叶草质，两面近无毛，下面疏被小鳞片。孢子囊群圆形，较小，生于内藏小脉顶端，近裂片中脉着生，无盖。

生境：附生于海拔900～2800米的石上或树干上等湿润处。

分布：兴隆山景区有分布。

□ 刺柏属 *Juniperus*

— 刺 柏 —

Juniperus formosana

- **描述：** 乔木。树皮褐色，纵裂成长条薄片脱落。枝条斜展或直展；小枝下垂，三棱形。叶三叶轮生，条状披针形或条状刺形，先端渐尖具锐尖头，上面绿色，两侧各有1条白色、很少紫色或淡绿色的气孔带，下面绿色，有光泽。雄球花圆球形或椭圆形，药隔先端渐尖。球果近球形或宽卵圆形，熟时淡红褐色，被白粉或白粉脱落。

- **生境：** 生于海拔200～3400米的林中。

- **分布：** 兴隆山西山山顶有分布。

云杉属 *Picea*

— 青海云杉 —
Picea crassifolia

描述： 乔木。一年生嫩枝淡黄绿色，常有白粉；老枝淡褐色。叶较粗，四棱状条形，近辐射伸展，或小枝上面之叶直上伸展，下面及两侧之叶向上弯伸，先端钝，或具钝尖头，横切面四棱形，四面有气孔线，上面每边5～7条，下面每边4～6条。球果圆柱形或矩圆状圆柱形，成熟前种鳞背部露出部分绿色，上部边缘紫红色；中部种鳞倒卵形，先端圆，边缘全缘或微成波状；苞鳞短小、三角状匙形；种子斜倒卵圆形。

生境： 常在山谷与阴坡组成单纯林。

分布： 兴隆山常见分布。

□── □ 云杉属 *Picea*

─ 青扞 ─
Picea wilsonii

描述： 乔木。树皮淡黄灰或暗灰色，浅裂成不规则麟状块片脱落。冬芽卵圆形，稀圆锥状卵圆形，无树脂。叶四棱状条形，直或微弯，先端尖，横切面四菱形或扁菱形，四面各有气孔线4～6条，无白粉。球果卵状圆柱形或圆状长卵形，顶端钝圆，熟前绿色，熟时黄褐色或淡褐色；中部种鳞倒卵形，种鳞上部圆形或急尖，或呈钝三角状，背面无明显的条纹。

生境： 较广布，常成单纯林或与其他针叶树、阔叶树种混生成林。

分布： 兴隆山常见分布。

松属 *Pinus*

— 油 松 —

Pinus tabuliformis

描述：乔木。树皮灰褐色或褐灰色，裂成不规则较厚的鳞状块片。冬芽矩圆形，顶端尖，微具树脂，芽鳞红褐色，边缘有丝状缺裂。针叶2针一束，边缘有细锯齿，两面具气孔线；叶鞘初呈淡褐色，后呈淡黑褐色；雄球花圆柱形，在新枝下部聚生成穗状。球果卵形或圆卵形，有短梗，向下弯垂，成熟前绿色，熟时淡黄色或淡褐黄色；中部种鳞近矩圆状倒卵形，鳞盾扁菱形或菱状多角形，鳞脐凸起有尖刺。种子卵圆形或长卵圆形；子叶8～12枚。

生境：生于海拔100～2600米，多组成单纯林。

分布：兴隆山常见分布。

13

兴隆山 常见植物图谱

□ 麻黄属 *Ephedra*

— 单子麻黄 —
Ephedra monosperma

● 描述：草本状矮小灌木。木质茎短小，多分枝；绿色小枝常微弯，通常开展，节间细短。叶2裂，1/2以下合生，裂片短三角形，先端钝或尖。雄球花生于小枝上下各部，单生枝顶或对生节上，多成复穗状，苞片3～4对；雌球花单生或对生节上，无梗，苞片3对，基部合生，雌花1～2枚，胚珠的珠被管通常较长而弯曲，成熟时苞片肉质红色，被白粉，最上1对苞片约1/2分裂。

● 生境：多生于山坡石缝中或林木稀少的干燥地区。

● 分布：马啣山周边地区山坡有分布。

天南星属 *Arisaema*

— 一把伞南星 —

Arisaema erubescens

描述：多年生草本。块茎扁球形。鳞叶绿白或粉红色，有紫褐色
斑纹；叶放射状分裂，裂片由3～20枚不等，披针形至椭
圆形；佛焰苞绿色，背面有白色或淡紫色条纹。雄肉穗花
序花密，雄花淡绿至暗褐色，雄蕊2～4枚，附属器下部
光滑；雌花序附属器棒状或圆柱形。成熟浆果红色。

生境：生于海拔3200米以下的林下、灌丛、草坡、荒地。

分布：兴隆山、石佛沟林下有分布。

15

兴隆山 常见植物图谱

□ 薯蓣属 *Dioscorea*

— 穿龙薯蓣 —

Dioscorea nipponica

描述： 缠绕草质藤本。根状茎横生，栓皮片状剥离。茎左旋，近无毛。叶掌状心形，长10～15厘米，不等大三角状浅裂、中裂或深裂，顶端叶片近全缘，下面无毛或被疏毛。雄花无梗，常2～4朵簇生，集成小聚伞花序再组成穗状花序，花序顶端常为单花；花被碟形，顶端6裂，雄蕊6枚；雌花序穗状，常单生。蒴果翅长1.5～2厘米，宽0.6～1厘米；每室2枚种子，生于果轴基部。

生境： 常生于山坡灌木丛中和稀疏杂木林内及林缘。

分布： 石佛沟景区路旁有分布。

兴隆山常见植物图谱

重楼属 *Paris*

— 七叶一枝花 —

Paris polyphylla

描述： 多年生草本。茎高达1米，无毛。叶5～11枚，长圆形、倒卵状长圆形或倒披针形，绿色，膜质或纸质；花基数3～7；萼片绿色，披针形，花瓣线形，有时具短爪，黄绿色，有时基部黄绿色，上部紫色；雄蕊2轮，花药长0.5～1厘米，药隔凸出部分常不明显；子房紫色，具棱或翅，1室，胎座3～7，花柱基紫色，常角盘状，柱头紫色。蒴果近球形，绿色，不规则开裂。

生境： 生于海拔1800～3200米的林下或阴暗处。

分布： 石佛沟景区路旁零星分布。

□ 菝葜属 *Smilax*

— 鞘柄菝葜 —
Smilax stans

描述：落叶灌木或亚灌木，直立或披散。茎和枝稍具棱，无刺。叶纸质，卵形或近圆形。花序有1～3朵或更多的花，花序梗纤细，花绿黄，有时淡红色；雄花内花被片稍窄，雄蕊花丝离生；雌花稍小于雄花，具6枚退化雄蕊，退化雄蕊有时具不育花药。浆果成熟时黑色，具粉霜，果柄直。

生境：生于海拔400～3200米的林下、灌丛中或山坡阴处。

分布：兴隆山景区有分布。

兴隆山 常见植物图谱

□─────────□ 贝母属 *Fritillaria*

— 榆中贝母 —
Fritillaria yuzhongensis

描述： 多年生草本。最下叶对生，线形，先端不卷曲，余叶多互生，稀兼有对生，先端卷曲或弯曲。花单生，稀2朵花，钟形，黄绿色，具稀疏紫色方格斑；叶状苞片与下面叶合生，稀不合生，先端弯曲或卷曲；外花被片椭圆形或倒卵状长圆形，内花被片倒卵形或倒卵状长圆形，蜜腺窝明显突起，蜜腺近圆形，花被片在蜜腺外弯成直角；花丝无乳突或具稀疏乳突。蒴果具翅。

生境： 生于海拔1800～3500米的草坡。

分布： 马啣山周边地区有分布。

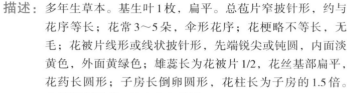

□ **顶冰花属** *Gagea*

— 小顶冰花 —
Gagea terraccianoana

● **描述**：多年生草本。基生叶 1 枚，扁平。总苞片窄披针形，约与花序等长；花常 3～5 朵，伞形花序；花梗略不等长，无毛；花被片线形或线状披针形，先端锐尖或钝圆，内面淡黄色，外面黄绿色；雄蕊长为花被片 1/2，花丝基部扁平，花药长圆形；子房长倒卵圆形，花柱长为子房的 1.5 倍。蒴果倒卵圆形，长为宿存花被 1/2。

● **生境**：生于海拔 2300 米以下的林缘、灌丛中和山地草原。

● **分布**：兴隆山景区草地有分布。

□ 百合属 *Lilium*

— 山 丹 —
Lilium pumilum

描述： 多年生草本。茎有小乳头状突起，有的带紫色条纹。叶散生于茎中部，条形，中脉下面突出，边缘有乳头状突起。花单生或数朵排成总状花序，鲜红色，通常无斑点，有时有少数斑点，下垂；花被片反卷，蜜腺两边有乳头状突起；花丝无毛，花药长椭圆形，黄色，花粉近红色；子房圆柱形；花柱稍长于子房或长1倍多，柱头膨大，3裂。蒴果矩圆形。

生境： 生于海拔400～2600米的山坡草地或林缘灌丛中。

分布： 石佛沟景区有分布。

□ **掌裂兰属** *Dactylorhiza*

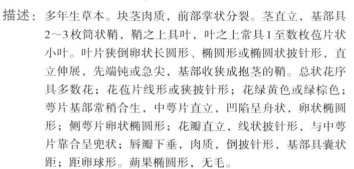

— 凹舌掌裂兰 —
Dactylorhiza viridis

22

描述：多年生草本。块茎肉质，前部掌状分裂。茎直立，基部具2～3枚筒状鞘，鞘之上具叶，叶之上常具1至数枚苞片状小叶。叶片狭倒卵状长圆形、椭圆形或椭圆状披针形，直立伸展，先端钝或急尖，基部收狭成抱茎的鞘。总状花序具多数花；花苞片线形或狭披针形；花绿黄色或绿棕色；萼片基部常稍合生，中萼片直立，凹陷呈舟状，卵状椭圆形；侧萼片卵状椭圆形；花瓣直立，线状披针形，与中萼片靠合呈兜状；唇瓣下垂，肉质，倒披针形，基部具囊状距；距卵球形。蒴果椭圆形，无毛。

生境：生于海拔1200～4300米的山坡林下、灌丛下或山谷林缘湿地。

分布：兴隆山、马啣山杜鹃林下有分布。

□ 火烧兰属 *Epipactis*

— 火烧兰 —

Epipactis helleborine

描述: 地生草本。叶4～7枚，卵圆形或椭圆状披针形，向上渐窄成披针形或线状披针形。花序具3～40朵花；苞片叶状，下部的长于花2～3倍或更多，向上渐短；花绿或淡紫色，下垂；中萼片卵状披针形，稀椭圆形，舟状，侧萼片斜倒卵状披针形；花瓣椭圆形，唇瓣中部缢缩，下唇兜状，上唇近三角形或近扁圆形，近基部两侧有长约1毫米半圆形褶片，近先端有时脉稍呈龙骨状。蒴果倒卵状椭圆形。

生境: 生于海拔250～3600米的山坡林下、草丛或沟边。

分布: 兴隆山景区西山入口处有分布。

兴隆山 常见植物图谱

盔花兰属 *Galearis*

— **北方盔花兰** —
Galearis roborowskyi

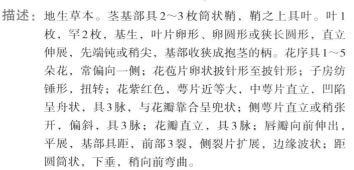

兴隆山常见植物图谱

描述： 地生草本。茎基部具2～3枚筒状鞘，鞘之上具叶。叶1枚，罕2枚，基生，叶片卵形、卵圆形或狭长圆形，直立伸展，先端钝或稍尖，基部收狭成抱茎的柄。花序具1～5朵花，常偏向一侧；花苞片卵状披针形至披针形；子房纺锤形，扭转；花紫红色，萼片近等大，中萼片直立，凹陷呈舟状，具3脉，与花瓣靠合呈兜状；侧萼片直立或稍张开，偏斜，具3脉；花瓣直立，具3脉；唇瓣向前伸出，平展，基部具距，前部3裂，侧裂片扩展，边缘波状；距圆筒状，下垂，稍向前弯曲。

生境： 生于海拔1700～4500米的林下、灌丛及高山草甸。

分布： 马啣山周边地区山顶灌丛附近有分布。

鸟巢兰属 *Neottia*

— 尖唇鸟巢兰 —
Neottia acuminata

描述： 茎直立，无绿叶。鞘膜质，抱茎。总状花序顶生，常具20余朵花；花序轴无毛；花苞片长圆状卵形，先端钝；子房椭圆形；花小，黄褐色，常3～4朵；中萼片狭披针形，先端长渐尖，具1脉；侧萼片与中萼片相似；花瓣狭披针形；唇瓣卵形、卵状披针形或披针形，先端渐尖或钝，边缘稍内弯，具1或3脉；蕊柱极短；柱头横长圆形，直立，左右两侧内弯，围抱蕊喙；蕊喙舌状，直立。蒴果椭圆形。

生境： 生于海拔1500～4100米的林下或荫蔽草坡上。

分布： 兴隆山有分布。

□ 鸟巢兰属 *Neottia*

— 二花对叶兰 —
Neottia biflora

描述： 地生小草本。茎纤细，近基部处具1枚鞘，上部2/3～3/4
处具2枚近对生的叶。叶片明显不等大，下方一枚宽卵形
或椭圆状卵形，上方一枚卵形，略短，但较窄，先端均急
尖，基部圆形；总状花序很短，具1～2朵花；花苞片卵
状披针形；花梗近无毛；子房无毛；中萼片卵状椭圆形，
先端钝，背面具龙骨状突起；侧萼片线状披针形，背面亦
具龙骨状突起；花瓣线形；唇瓣楔形，先端凹缺，基部具
槽状蜜腺，中脉稍粗厚；蕊柱长3～4毫米；蕊喙大。

生境： 生于海拔3000～3900米的山坡林下、山顶灌丛。

分布： 马唧山周边地区附近有分布。

□ **兜被兰属** *Neottianthe*

— 二叶兜被兰 —

Neottianthe cucullata

描述：地生草本。茎基部具2枚近对生的叶，其上具1～4枚小叶；叶卵形、卵状披针形或椭圆形，先端尖或渐尖，基部短鞘状抱茎，上面有时具紫红色斑点。花序具几朵至10余花，常偏向一侧；苞片披针形；花紫红或粉红色；萼片在3/4以上靠合成兜，中萼片披针形；侧萼片斜镰状披针形；花瓣披针状线形，与中萼片贴生；唇瓣前伸，上面和边缘具乳突，基部楔形，3裂，侧裂片线形，中裂片长；距细圆筒状锥形，中部前弯，近"U"字形。

生境：生于海拔400～4100米的山坡林下或草地。

分布：兴隆山景区山顶附近有分布。

□ **舌唇兰属** *Platanthera*

— 二叶舌唇兰 —
Platanthera chlorantha

兴隆山 常见植物图谱

● **描述：** 地生草本。茎较粗壮，近基部具2枚近对生的大叶，其上
具2～4枚披针形小叶；大叶椭圆形、或倒披针状椭圆形，
基部鞘状抱茎。花序具12～32朵花；苞片披针形，最下
部的长于子房；子房上部钩曲；花绿白或白色，中萼片舟
状，圆状心形，侧萼片张开，斜卵形；花瓣直立，斜窄披
针形，与中萼片靠合呈兜状；唇瓣前伸，舌状，肉质，距
棒状圆筒形，水平或斜下伸，微钩曲或弯曲，向末端增
粗；柱头1枚，凹入，位于蕊喙以下穴内。

● **生境：** 生于海拔400～3300米的山坡林下或草丛中。

● **分布：** 石佛沟景区零星分布。

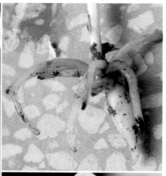

— 锐果鸢尾 —

Iris goniocarpa

描述： 多年生草本。叶柔软，黄绿色，条形，顶端钝，中脉不明显；无茎生叶。苞片2枚，膜质，披针形，顶端渐尖，向外反折，内包含有1朵花；花蓝紫色；外花被裂片倒卵形或椭圆形，有深紫色的斑点，顶端微凹，基部楔形，中脉上的须毛状附属物基部白色，顶端黄色，内花被裂片狭椭圆形或倒披针形，顶端微凹，直立；花药黄色；花柱分枝花瓣状，顶端裂片狭三角形。蒴果黄棕色，三棱状圆柱形或椭圆形，顶端有短喙。

生境： 生于高山草地、向阳山坡的草丛中以及林缘、灌丛、疏林下。

分布： 马啣山及周边地区有分布。

□ **鸢尾属** *Iris*

— 马蔺 —
Iris lactea

● 描述：多年生密丛草本。叶基生，坚韧，灰绿色，条形或狭剑形，顶端渐尖，基部鞘状。苞片3~5枚，草质，绿色，边缘白色，披针形，顶端渐尖或长渐尖，内包含有2~4朵花；花乳白色；花被管甚短，外花被裂片倒披针形，顶端钝或急尖，爪部楔形，内花被裂片狭倒披针形，爪部狭楔形；花药黄色，花丝白色；子房纺锤形。果长椭圆状柱形，有6条明显的肋，顶端有短喙。

● 生境：生于荒地、路旁、山坡草地。

● 分布：马啣山及周边地区广泛分布。

□ 葱属 *Allium*

— 天蓝韭 —
Allium cyaneum

描述: 多年生草本。鳞茎数枚聚生,圆柱状。叶半圆柱状,上面具槽。花莛圆柱状,下部被叶鞘;总苞单侧开裂或2裂,早落;伞形花序近帚状,有时半球状,花疏散;花梗近等长,与花被片等长或为其2倍,无小苞片;花天蓝色;花被片卵形或长圆状卵形,内轮稍长;花丝等长,比花被片长1/3或为其2倍,基部合生并与花被片贴生,内轮基部扩大,其扩大部分有时两侧具齿,外轮锥形;子房近球形,腹缝基部具蜜穴,花柱伸出花被。

生境: 生于海拔2100～5000米的山坡、草地、林下或林缘。

分布: 马啣山及周边地区有分布。

葱属 *Allium*

— 卵叶韭 —

Allium ovalifolium

- **描述：** 多年生草本。鳞茎单生或聚生，近圆柱状。叶2枚，近对生，极稀3枚；叶披针状椭圆形或卵状长圆形，基部圆或心形，稀深心形，先端渐尖或短尾尖。花莛圆柱状，下部被叶鞘；总苞2裂；伞形花序球状，花密集；花梗近等长，长为花被片1.5～4倍，无小苞片；花白色，稀淡红色；内轮花被片披针状长圆形或窄长圆形，先端钝圆或凹缺，外轮窄卵形、卵形或卵状长圆形，先端钝圆或凹缺，有时具不规则小齿；花丝等长，基部合生并贴生花被片，内轮窄三角形，外轮锥形。

- **生境：** 生于海拔1500～4000米的林下、阴湿山坡、湿地、沟边或林缘。

- **分布：** 兴隆山景区有零星分布。

—— 青甘韭 ——
Allium przewalskianum

描述： 多年生草本。鳞茎数枚聚生，窄卵状圆柱形，外皮红色。叶半圆柱状或圆柱状，具4～5条纵棱，短于或稍长于花莛。花莛圆柱状，下部被叶鞘；总苞单侧开裂，常具喙，宿存；伞形花序球状或半球状；花梗近等长，长为花被片2～3倍，常无小苞片；花淡红或深紫色；内轮花被片长圆形或长圆状披针形，外轮稍短，卵形或窄卵形；花丝等长，长为花被片1.5～2倍，基部合生并与花被片贴生，内轮下部1/3～1/2扩大，其扩大部分两侧具齿，外轮锥形；花柱伸出花被。

生境： 生于海拔2000～4800米的干旱山坡、石缝、灌丛或草坡。

分布： 兴隆山及周边地区广泛分布。

兴
隆
山
常
见
植
物
图
谱

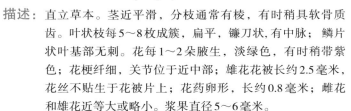

□ 天门冬属 *Asparagus*

— 羊齿天门冬 —
Asparagus filicinus

描述： 直立草本。茎近平滑，分枝通常有棱，有时稍具软骨质齿。叶状枝每5～8枚成簇，扁平、镰刀状，有中脉；鳞片状叶基部无刺。花每1～2朵腋生，淡绿色，有时稍带紫色；花梗纤细，关节位于近中部；雄花花被长约2.5毫米，花丝不贴生于花被片上；花药卵形，长约0.8毫米；雌花和雄花近等大或略小。浆果直径5～6毫米。

生境： 生于海拔1200～3000米的丛林下或山谷阴湿处。

分布： 兴隆山景区有分布。

□ **舞鹤草属** *Maianthemum*

— **舞鹤草** —

Maianthemum bifolium

- **描述**：多年生草本。根状茎细长，有时分叉；茎无毛或散生柔毛。基生叶花期枯萎，茎生叶通常2枚，互生于茎的上部，三角状卵形，先端急尖或渐尖，基部心形，弯缺张开，下面脉上被柔毛或散生微柔毛，边缘有细小锯齿状乳突或具柔毛。总状花序直立，有10～25朵花；花序轴被柔毛或乳头状突起；花白色，单生或成对；花梗顶端有关节；花被片长圆形，有1条脉；花丝短于花被片，花药卵圆形，黄白色；子房球形。

- **生境**：生于高山阴坡林下。

- **分布**：兴隆山景区有分布。

□ **舞鹤草属** *Maianthemum*

— 合瓣鹿药 —
Maianthemum tubiferum

● **描述**：多年生草本。根状茎细长。茎下部无毛，中部以上有短粗毛，具2～5枚叶。叶纸质，卵形或矩圆状卵形，先端急尖或渐尖，基部截形或稍心形，近无柄或具短柄。总状花序具2～3朵花，有时多达10朵花；花梗果期稍延长；花白色，有时带紫色；花被片下部合生成杯状筒；裂片矩圆形；花丝与花药近等长；花柱与子房近等长，稍高出筒外。浆果球形。

● **生境**：生于海拔2500～3000米的林下阴湿处。

● **分布**：兴隆山景区有分布。

□ 黄精属 *Polygonatum*

— 卷叶黄精 —
Polygonatum cirrhifolium

描述: 多年生草本。根状茎肥厚，圆柱状。叶常 3～6 枚轮生，
细条形至条状披针形，少有矩圆状披针形，先端拳卷或弯
曲成钩状，边常外卷。花序轮生，常具 2 花，花梗俯垂；
苞片透明膜质，无脉，位于花梗上或基部，或不存在；花
被淡紫色，花被筒中部稍缢狭。浆果红色或紫红色，具
4～9 颗种子。

生境: 生于海拔 2000～4000 米的林下、山坡或草地。

分布: 兴隆山及周边地区有分布。

□ 黄精属 *Polygonatum*

— 大苞黄精 —
Polygonatum megaphyllum

描述：具根状茎草本。根状茎常具瘤状节，呈不规则连珠状或为圆柱形；茎高达30厘米。叶互生，窄卵形、卵形或卵状椭圆形。花序常具2朵花；花序梗顶端有3～4枚叶状苞片；苞片卵形或窄卵形；花被淡绿色；花丝长约4毫米，两侧稍扁，近平滑，花药与花丝近等长。

生境：生于海拔1700～2500米的山坡或林下。

分布：兴隆山及周边地区广泛分布。

兴隆山 常见植物图谱

□ 黄精属 *Polygonatum*

— 玉 竹 —

Polygonatum odoratum

描述： 具根状茎草本。根状茎圆柱形。茎高达50厘米，具7～12枚叶。互生，椭圆形或卵状长圆形，先端尖，下面带灰白色，下面脉上平滑或乳头状粗糙。花序具1～4朵花（栽培植株可多至8朵)，花序梗长1～1.5厘米，无苞片或有线状披针形苞片；花被黄绿或白色，花被筒较直，裂片长约3毫米；花丝丝状，近平滑或具乳头状突起；子房长3～4毫米，花柱长1～1.4厘米。浆果成熟时蓝黑色。

生境： 生于海拔500～3000米的林下或山野阴坡。

分布： 石佛沟景区广泛分布。

□ 灯心草属 *Juncus*

— 展苞灯心草 —

Juncus thomsonii

兴隆山常见植物图谱

描述： 多年生草本。茎直立，丛生，圆柱形，淡绿色。叶均基生，常2枚；叶片细线形；叶鞘边缘膜质；叶耳明显，钝圆。头状花序单一顶生，有4～8朵花；苞片3～4枚，开展，卵状披针形，顶端钝，红褐色；花被片长圆状披针形，顶端钝，黄色或淡黄白色，后期背部变成褐色；雄蕊6枚，长于花被片；花药黄色；柱头3分叉，线形。蒴果三棱状椭圆形，顶端有短尖头，成熟时红褐色至黑褐色。

生境： 生于海拔2800～4300米的高山草甸、灌丛、池边、沼泽地及林下潮湿处。

分布： 马啣山周边地区山顶零星分布。

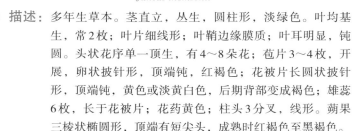

— 黑褐穗薹草 —

Carex atrofusca subsp. *minor*

- **描述**：多年生草本。秆三棱形，平滑。叶平张，稍坚挺，顶端渐尖。苞片最下部的1个短叶状，具鞘，上部的鳞片状，暗紫红色；小穗2~5个，顶生1~2个雄性，长圆形或卵形；其余小穗雌性，椭圆形或长圆形；小穗柄纤细，稍下垂。雌花鳞片卵状披针形或长圆状披针形，暗紫红色或中间色淡；果囊长圆形或椭圆形，扁平，上部暗紫色，下部麦秆黄色，基部近圆形，顶端急缩成短喙，喙口具2枚齿。小坚果疏松地包于果囊中，长圆形，扁三棱状；花柱基部不膨大，柱头3个。

- **生境**：生于高山灌丛、草甸、流石滩下部和杂木林下。

- **分布**：马啣山山顶有分布。

莎草科
Cyperaceae

薹草属 *Carex*

— 披针薹草 —
Carex lancifolia

● 描述：多年生草本。秆密丛生，侧生，下部为具紫红色长鞘之短叶所包。叶平滑；叶鞘紫红色，部分叶仅具鞘而无叶片。苞片鞘状，仅下部的1枚顶端具芒状苞叶，其余无明显苞叶；小穗4～5个；顶生的1个雄性，线形；侧生的3～4个小穗雌性，线状圆柱形，具4～6朵疏生的花；雄花鳞片卵形，顶端近圆形，膜质，淡紫褐色；雌花鳞片倒卵状长圆形，顶端微凹，具短尖，膜质，中间绿色，有1条中脉；果囊三棱形，膜质，绿色，上部收缩成喙，喙口微2裂。小坚果无喙，柱头3个。

● 生境：生于海拔1500～2650米的山坡疏林下。

● 分布：兴隆山景区有分布。

42

兴隆山 常见植物图谱

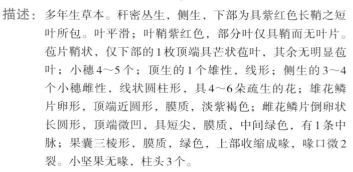

□ 芨芨草属 *Achnatherum*

— 芨芨草 —
Achnatherum splendens

- **描述：** 多年生丛生草本。秆直立，坚硬，基部宿存枯萎的黄褐色叶鞘。叶舌三角形或尖披针形；叶片纵卷，质坚韧。圆锥花序开花时呈金字塔形开展，主轴平滑，分枝细弱，2～6枚簇生，平展或斜向上升；小穗灰绿色，基部带紫褐色，成熟后常变草黄色；颖膜质，披针形，顶端尖或锐尖，第一颖具1脉，第二颖具3脉；外稃厚纸质，顶端具2微齿，背部密生柔毛，具5脉，基盘具柔毛，芒自外稃齿间伸出，不扭转；内稃具2脉而无脊。

- **生境：** 生于微碱性的草滩及砂土山坡上。

- **分布：** 兴隆山及周边地区有分布。

□ 披碱草属 *Elymus*

— 垂穗披碱草 —
Elymus nutans

描述：多年生丛生草本。秆直立；基部和根出的叶鞘具柔毛。叶片扁平，上面有时疏生柔毛，下面粗糙或平滑。穗状花序较紧密，通常曲折而先端下垂，基部的1、2节均不具发育小穗；小穗绿色，成熟后带有紫色，通常在每节生有2枚而接近顶端及下部节上仅生有1枚，多少偏生于穗轴1侧，含3～4枚小花；颖长圆形，2颖几相等，先端渐尖或具长1～4毫米的短芒，具3～4条脉；外稃长披针形，具5条脉，第一外稃顶端延伸成芒，向外反曲或稍展开。

生境：多生于草原、山坡道旁和林缘。

分布：兴隆山及周边地区广泛分布。

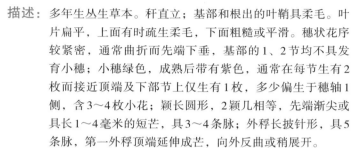

赖草属 *Leymus*

— 赖 草 —
Leymus secalinus

描述：多年生草本。秆单生或丛生。叶舌膜质，截平；叶片扁平或内卷。穗状花序直立，灰绿色；小穗常2～3枚生于每节，含4～10个小花；颖短于小穗，线状披针形，先端狭窄如芒，不覆盖第一外稃的基部，具不明显3脉；外稃披针形，边缘膜质，先端渐尖或具芒，背具5脉；内稃与外稃等长，先端常微2裂，脊的上半部具纤毛。

生境：生于沙地、平原绿洲及山地草原带。

分布：兴隆山路边有分布。

□─ 臭草属 *Melica*

── 臭草 ──
Melica scabrosa

兴隆山常见植物图谱

描述： 多年生草本。基部密生分蘖。叶鞘闭合近鞘口，常撕裂，光滑或微粗糙，叶舌膜质，顶端撕裂而两侧下延；叶片较薄。圆锥花序分枝直立或斜上；小穗柄短；小穗具孕性小花2~4枚，顶端由数个不育外稃集成小球形；颖膜质，窄披针形，两颖3~5条脉；外稃草质，背面颗粒状粗糙，第一外稃长5~8毫米；内稃短于外稃或相等，倒卵形，脊被微小纤毛。颖果褐色，纺锤形，有光泽。

生境： 生于海拔200~3300米的山坡草地、荒芜田野、渠边路旁。

分布： 石佛沟景区路旁有分布。

狼尾草属 *Pennisetum*

— 白 草 —

Pennisetum flaccidum

描述： 多年生草本。叶鞘疏松抱茎；叶舌短；叶片狭线形，两面无毛。圆锥花序紧密，直立或稍弯曲；主轴具棱角；小穗常单生，卵状披针形；第一颖先端钝圆、锐尖或齿裂，脉不明显；第二颖先端具芒尖，具1～3脉；第一小花雄性，罕或中性，第一外稃与小穗等长，先端具芒尖；第一内稃透明，膜质或退化；第二小花两性，第二外稃具5脉，先端具芒尖；雄蕊3枚。

生境： 多生于海拔800～4600米的山坡和较干燥处。

分布： 兴隆山及周边地区有分布。

兴隆山 常见植物图谱

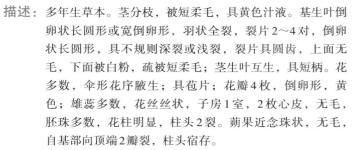

□ 白屈菜属 *Chelidonium*

— 白屈菜 —
Chelidonium majus

兴隆山

常见植物图谱

描述：多年生草本。茎分枝，被短柔毛，具黄色汁液。基生叶倒卵状长圆形或宽倒卵形，羽状全裂，裂片2～4对，倒卵状长圆形，具不规则深裂或浅裂，裂片具圆齿，上面无毛，下面被白粉，疏被短柔毛；茎生叶互生，具短柄。花多数，伞形花序腋生；具苞片；花瓣4枚，倒卵形，黄色；雄蕊多数，花丝丝状，子房1室，2枚心皮，无毛，胚珠多数，花柱明显，柱头2裂。蒴果近念珠状，无毛，自基部向顶端2瓣裂，柱头宿存。

生境：生于海拔500～2200米的山坡、山谷林缘草地或路旁、石缝。

分布：兴隆山景区广泛分布。

□ **紫堇属** *Corydalis*

— 灰绿黄堇 —
Corydalis adunca

描述： 多年生灰绿色丛生草本。基生叶具长柄，叶二回羽状全
裂，一回羽片4～5对，二回羽片1～2对，3深裂，有时裂
片2～3浅裂；茎生叶与基生叶同形，近一回羽状全裂。
总状花序多花；苞片窄披针形，边缘近膜质，先端丝状；
萼片卵形；花冠黄色，外花瓣先端淡褐色，兜状，无鸡冠
状突起，距长为花瓣1/4～1/3，蜜腺长约距1/2，下花瓣舟
状，内花瓣具鸡冠状突起，爪与瓣片近等长；雄蕊束披针
形；柱头近圆形，具6个短柱状突起。蒴果长圆形，花柱
宿存。

生境： 生于海拔1000～3900米的干旱山地、河滩地或石缝中。

分布： 石佛沟景区路旁常见分布。

□ 紫堇属 *Corydalis*

— 曲花紫堇 —

Corydalis curviflora

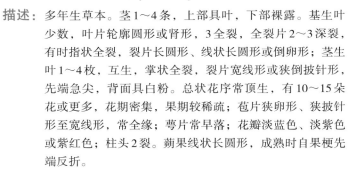

描述： 多年生草本。茎1～4条，上部具叶，下部裸露。基生叶少数，叶片轮廓圆形或肾形，3全裂，全裂片2～3深裂，有时指状全裂，裂片长圆形、线状长圆形或倒卵形；茎生叶1～4枚，互生，掌状全裂，裂片宽线形或狭倒披针形，先端急尖，背面具白粉。总状花序常顶生，有10～15朵花或更多，花期密集，果期较稀疏；苞片狭卵形、狭披针形至宽线形，常全缘；萼片常早落；花瓣淡蓝色、淡紫色或紫红色；柱头2裂。蒴果线状长圆形，成熟时自果梗先端反折。

生境： 生于山坡、云杉林下、灌丛下或草丛中。

分布： 马啣山及周边地区常见分布。

□ **紫堇属** *Corydalis*

— 北京延胡索 —
Corydalis gamosepala

描述： 多年生草本。茎纤细，基部3枚叶，下部叶具叶鞘及腋生分枝。叶二回三出，小叶常具圆齿或圆齿状深裂，有时侧生小叶全缘或下部叶的小叶分裂成披针形或线形裂片。总状花序具7～13朵花，下部苞片具篦齿或粗齿，上部苞片全缘或具1～2枚齿，花梗纤细，等长或稍长于苞片；花冠桃红或紫红色，稀蓝色，外花瓣宽，全缘，先端微凹，距圆筒状，稍上弯，顶端稍下弯，蜜腺贯穿距长1/2至2/3，下花瓣稍前伸；柱头扁四方形，上端具4个乳突。蒴果线形。

生境： 生于山坡、灌丛或阴湿地。

分布： 兴隆山、石佛沟景区常见分布。

□ **紫堇属** *Corydalis*

— 条裂黄堇 —
Corydalis linarioides

描述：直立草本。茎2～5条，通常不分枝，上部具叶，下部裸露，基部变线形。基生叶少数，叶片轮廓近圆形，二回羽状分裂，第一回3全裂，顶生裂片5～7深裂，侧生裂片3裂，小裂片线形，有时与茎生叶同形；茎生叶通常2～3枚，互生于茎上部，叶片一回奇数羽状全裂，全裂片3对，线形，全缘。总状花序顶生；苞片下部者羽状分裂，上部者狭披针状线形，最上部者线形；花瓣黄色；子房狭椭圆状线形，柱头双卵形。蒴果长圆形，成熟时自果梗基部反折。

生境：生于林下、林缘、灌丛下、草坡、草甸或石缝中。

分布：马啣山及周边地区零星分布。

兴隆山常见植物图谱

紫堇属 *Corydalis*

— 蛇果黄堇 —
Corydalis ophiocarpa

兴隆山 常见植物图谱

描述： 丛生灰绿色草本。基生叶多数，叶柄具膜质翅，叶二回或一回羽状全裂，一回羽片4～5对，具短柄，二回羽片2～3对，无柄，倒卵圆形或长圆形，3～5裂；茎生叶与基生叶同形，近一回羽状全裂，叶柄具翅。总状花序多花；苞片线状披针形；花冠淡黄或苍白色，外花瓣先端色较深，距短囊状，蜜腺贯穿距长1/2，下花瓣舟状，内花瓣先端暗紫红或暗绿色，鸡冠状突起伸出顶端，爪短于瓣片；雄蕊束上部缢缩成丝状；子房长于花柱；柱头具4个乳突。蒴果线形。

生境： 生于海拔200～4000米的沟谷林缘。

分布： 兴隆山景区公路旁零星分布。

□ 角茴香属 *Hypecoum*

— 细果角茴香 —
Hypecoum leptocarpum

描述：一年生草本。茎丛生，铺散而先端向上，多分枝。基生叶二回羽状全裂，裂片4～9对，宽卵形或卵形，羽状深裂；茎生叶同基生叶。花茎常二歧状分枝；花排列成二歧聚伞花序，每花具数枚小苞片；萼片卵形或卵状披针形，常全缘；花瓣淡紫色，外面2枚宽倒卵形，先端绿色，里面2枚较小，3裂几达基部，中裂片匙状圆形，极全缘，侧裂片长卵形或宽披针形，先端钝且极全缘；雄蕊4枚，花药黄色；子房圆柱形，柱头2裂。蒴果直立，圆柱形。

生境：生于山坡、草地、山谷、河滩、砾石坡、砂质地。

分布：马啣山周边地区路旁常见分布。

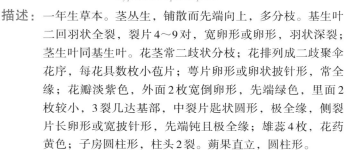

— 荷包牡丹 —

Lamprocapnos spectabilis

描述： 直立草本。叶三角形，二回三出全裂，一回裂片具长柄，中裂片柄较侧裂片柄长，二回裂片近无柄，2或3裂，小裂片常全缘。总状花序具8～11朵花，于花序轴一侧下垂；苞片钻形或线状长圆形；萼片披针形，玫瑰色，早落；外花瓣紫红或粉红色，稀白色，下部囊状，上部窄向下反曲，内花瓣稍匙形，先端紫色，鸡冠状突起高达3毫米，爪长圆形或倒卵形，白色；柱头窄长方形，顶端2裂，基部近箭形。

生境： 生于海拔780～2800米的湿润草地、山坡，常栽培。

分布： 兴隆山景区有栽培。

□ **绿绒蒿属** *Meconopsis*

— 全缘叶绿绒蒿 —
Meconopsis integrifolia

描述：一年生至多年生草本。茎不分枝。基生叶莲座状，倒披针形、倒卵形或近匙形，基部渐狭并下延成翅，至叶柄近基部又逐渐扩大，两面被毛，边缘全缘通常具3至多条纵脉；茎生叶下部者同基生叶，狭椭圆形、披针形、倒披针形或条形，比下部叶小，最上部茎生叶常成假轮生状。花常4～5朵，稀18朵；萼片舟状，具数十条明显的纵脉；花瓣6～8枚，黄色或稀白色；子房密被金黄色长硬毛。蒴果宽椭圆状长圆形至椭圆形，4～9瓣自顶端开裂至全长1/3。

生境：生长于海拔2700～5100米的高山灌丛下或林下、草坡、山坡、草甸。

分布：马啣山及周边地区广泛分布。

口 **绿绒蒿属** *Meconopsis*

— 五脉绿绒蒿 —

Meconopsis quintuplinervia

描述： 多年生草本。叶均基生，莲座状，叶片倒卵形至披针形，先端急尖或钝，基部渐狭并下延入叶柄，两面密被淡黄色或棕褐色、具多短分枝的硬毛，明显具3～5条纵脉。花葶1～3条；花单生于基生花葶上，下垂；萼片外面密被棕黄色、具分枝的硬毛；花瓣4～6片，淡蓝色或紫色；花丝与花瓣同色或白色，花药淡黄色；子房近球形、卵珠形或长圆形，花柱短，柱头头状，3～6裂。蒴果椭圆形或长圆状椭圆形，密被紧贴的刚毛。

生境： 生于海拔2300～4600米的阴坡灌丛或高山草地。

分布： 马啣山及周边地区零星分布。

兴隆山 常见植物图谱

星叶草属 *Circaeaster*

— **星叶草** —

Circaeaster agrestis

描述： 一年生小草本。宿存的2枚子叶和叶簇生；子叶线形或披针状线形；叶菱状倒卵形、匙形或楔形，基部渐狭，边缘上部有小牙齿，齿顶端有刺状短尖，背面粉绿色。花小，萼片2～3枚；雄蕊1～2（～3）枚；心皮1～3枚，比雄蕊稍长，子房长圆形，花柱不存在。瘦果狭长圆形或近纺锤形，常有密或疏的钩状毛。

生境： 生于山谷沟边、林中或湿草地。

分布： 兴隆山有分布。

短柄小檗
Berberis brachypoda

描述： 落叶灌木。茎刺三分叉，稀单生。叶厚纸质，椭圆形，倒卵形，或长圆状椭圆形，先端急尖或钝，基部楔形，上面有折皱，叶缘平展，每边具20～40枚刺齿。穗状总状花序直立或斜上，常密生20～50朵花，花序梗无毛；花淡黄色；小苞片披针形，常红色，2轮4枚；萼片3轮，外萼片卵形，常带红色，中萼片长圆状倒卵形，内萼片倒卵状椭圆形；花瓣椭圆形，先端缺裂或全缘，基部缢缩呈爪。浆果长圆形，鲜红色，顶端具明显宿存花柱，不被白粉。

生境： 生于山坡灌丛中、林下、林缘，路边或山谷显地。

分布： 兴隆山景区零星分布。

□ 小檗属 *Berberis*

— **鲜黄小檗** —
Berberis diaphana

- **描述：** 落叶灌木。茎刺三分叉。叶坚纸质，长圆形或倒卵状长圆形，先端微钝，基部楔形，边缘具2～12枚刺齿，偶有全缘，上面暗绿色，背面淡绿色。花2～5朵簇生，偶有单生，黄色；萼片2轮，外萼片近卵形，内萼片椭圆形；花瓣卵状椭圆形，先端急尖，锐裂，基部缢缩呈爪，具2枚分离腺体。浆果红色，卵状长圆形，先端略斜弯，具明显缩存花柱。

- **生境：** 生于灌丛中、草甸、林缘、坡地或云杉林中。

- **分布：** 马啣山及周边地区有分布。

— 短梗小檗 —

Berberis stenostachya

描述：落叶灌木。茎刺三分叉。叶纸质，倒卵形或倒卵状长圆形，先端钝或急尖，两面网脉显著，叶缘深波状，具10～20枚刺锯齿。穗状总状花序斜展或稍下垂，具花20～35朵，花序轴被短柔毛；苞片被短柔毛；花黄色；小苞片卵形，红色，先端急尖；萼片2轮，外萼片卵形，内萼片倒卵状椭圆形；花瓣椭圆形，先端缺裂。浆果椭圆形，长约6毫米，红色，顶端不具宿存花柱，不被白粉。

生境：生于海拔约1500米的山坡灌丛中。

分布：兴隆山景区有分布。

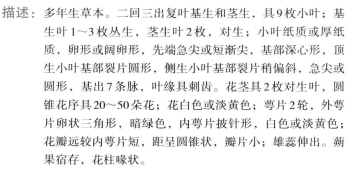

□ 淫羊藿属 *Epimedium*

— 淫羊藿 —

Epimedium brevicornu

描述: 多年生草本。二回三出复叶基生和茎生,具9枚小叶;基生叶1～3枚丛生,茎生叶2枚,对生;小叶纸质或厚纸质,卵形或阔卵形,先端急尖或短渐尖,基部深心形,顶生小叶基部裂片圆形,侧生小叶基部裂片稍偏斜,急尖或圆形,基出7条脉,叶缘具刺齿。花茎具2枚对生叶,圆锥花序具20～50朵花;花白色或淡黄色;萼片2轮,外萼片卵状三角形,暗绿色,内萼片披针形,白色或淡黄色;花瓣远较内萼片短,距呈圆锥状,瓣片小;雄蕊伸出。蒴果宿存,花柱喙状。

生境: 生于林下、沟边灌丛中或山坡阴湿处。

分布: 兴隆山、石佛沟景区广泛分布。

□ 桃儿七属 *Sinopodophyllum*

— 桃儿七 —
Sinopodophyllum hexandrum

描述： 多年生草本。茎直立，单生，具纵棱。叶2枚，薄纸质，非盾状，基部心形，3～5深裂几达中部，裂片不裂或有时2～3小裂，裂片先端急尖或渐尖，上面无毛，背面被柔毛，边缘具粗锯齿。花大，单生，先叶开放，两性，整齐，粉红色；萼片6枚，早萎；花瓣6枚，倒卵形或倒卵状长圆形，先端略呈波状；雄蕊6枚；雌蕊1枚，子房椭圆形，柱头头状。浆果卵圆形，熟时橘红色。

生境： 生于2200～4300米的林下、林缘湿地、灌丛中或草丛中。

分布： 马啣山及周边地区零星分布。

兴隆山常见植物图谱

□ 乌头属 *Aconitum*

— 露蕊乌头 —
Aconitum gymnandrum

描述： 一年生草本。茎被短柔毛，下部有时变无毛，常分枝。基生叶1～3枚；叶片宽卵形或三角状卵形，3全裂，全裂片二至三回深裂，小裂片窄卵形或窄披针形，上面疏被短伏毛，下面沿脉疏被长柔毛或无毛。总状花序有6～16朵花；基部苞片似叶，其他下部苞片3裂，中上部苞片披针形或线形；小苞片叶状或线形；萼片蓝紫色，疏被柔毛，上萼片船形，侧萼片长1.5～1.8厘米；距短，头状，疏被短毛；花丝疏被短毛，唇扇形，边缘有小齿；心皮6～13枚。

生境： 生于海拔1550～3800米的山地草坡、田边草地或河边砂地。

分布： 兴隆山及周边地区广泛分布。

乌头属 *Aconitum*

— 川鄂乌头 —

Aconitum henryi

描述：多年生草本。茎缠绕，无毛，分枝。叶片坚纸质，卵状五角形，三全裂，中央全裂片披针形或菱状披针形，渐尖，边缘疏生或稍密生钝牙齿；叶柄无毛。花序有3～6朵花；苞片线形；小苞片生花梗中部，线状钻形；萼片蓝色，外面疏被短柔毛或几无毛，上萼片高盔形，下缘稍凹，外缘垂直，在中部或中部之下稍缢缩，继向外下方斜展与下缘形尖喙；花瓣无毛，唇长约8毫米，微凹，距向内弯曲；雄蕊无毛，花丝全缘；心皮3枚，无毛或子房疏被短柔毛。

生境：生于海拔1000～2000米的山地、林下、丛林中。

分布：兴隆山及周边地区公路旁广泛分布。

兴隆山 常见植物图谱

□ **乌头属** *Aconitum*

— 铁棒锤 —
Aconitum pendulum

● **描述：** 多年生直立草本。茎高达1米，仅上部疏被短柔毛，中上部通常密生叶。茎下部叶在开花时枯萎，中部叶有短柄；叶片形状宽卵形，小裂片线形，两面无毛。顶生总状花序有8～35朵花；下部苞片叶状或3裂，上部苞片线形；小苞片生花梗上部，披针状线形或近钻形，疏被短柔毛；萼片黄色，常带绿色，有时蓝色，上萼片船状镰刀形或镰刀形，具爪，下缘弧状弯曲，外缘斜，侧萼片圆倒卵形，下萼片斜长圆形；距向后弯曲；花丝无毛或疏被短毛；心皮5枚。

● **生境：** 生于海拔2800～4500米的山地草坡、草甸或林边。

● **分布：** 马啣山及周边地区有分布。

□ 乌头属 *Aconitum*

— 高乌头 —

Aconitum sinomontanum

描述：多年生草本。茎中下部几无毛，上部近花序处被反曲短柔
毛，生4～6枚叶。基生叶1枚，与茎下部叶具长柄；叶片
肾形或圆肾形，基部宽心形，3深裂约至6/7处，边缘有
不整齐的三角形锐齿，中裂片较小，楔状窄菱形，渐尖，
侧裂片斜扇形，不等3裂稍超过中部。总状花序具密集的
花；苞片比花梗长，下部苞片叶状，其他的苞片线形；小
苞片通常生花梗中部，线形；萼片蓝紫或淡紫色，上萼
片圆筒形，外缘在中部之下稍缢缩；唇舌形，距向后拳卷；
花丝大多具1～2枚小齿；心皮3枚。

生境：生于山坡草地或林中湿润处。

分布：兴隆山景区常见分布。

□ 乌头属 *Aconitum*

— 甘青乌头 —
Aconitum tanguticum

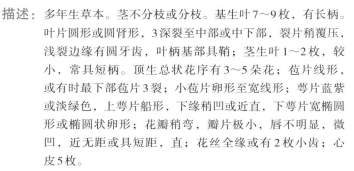

兴隆山常见植物图谱

描述：多年生草本。茎不分枝或分枝。基生叶7～9枚，有长柄。叶片圆形或圆肾形，3深裂至中部或中下部，裂片稍覆压，浅裂边缘有圆牙齿，叶柄基部具鞘；茎生叶1～2枚，较小，常具短柄。顶生总状花序有3～5朵花；苞片线形，或有时最下部苞片3裂；小苞片卵形至宽线形；萼片蓝紫或淡绿色，上萼片船形，下缘稍凹或近直，下萼片宽椭圆形或椭圆状卵形；花瓣稍弯，瓣片极小，唇不明显，微凹，近无距或具短距，直；花丝全缘或有2枚小齿；心皮5枚。

生境：生于海拔3200～4800米的山地草坡、高山草甸或沼泽草地。

分布：马啣山有分布。

□──────□ 类叶升麻属 *Actaea*

── 类叶升麻 ──
Actaea asiatica

描述： 多年生草本。茎下部无毛，中部以上被白色柔毛，不分枝。叶2～3枚，茎下部叶为三回三出近羽状复叶，具长柄；叶片三角形；顶生小叶卵形或宽卵状菱形，3裂，具锐锯齿，先端尖，侧生小叶卵形或斜卵形；茎上部叶形似下部叶，较小，具短柄。总状花序轴及花梗密被白色或灰色柔毛；苞片线状披针形；萼片倒卵形；花瓣匙形，具爪；雄蕊多数；心皮与花瓣近等长。果紫黑色。

生境： 生于海拔350～3100米的山地林下或沟边阴处、河边湿草地。

分布： 兴隆山景区、石佛沟景区栈道旁有分布。

□ 侧金盏花属 *Adonis*

兴隆山常见植物图谱

— 蓝侧金盏花 —

Adonis coerulea

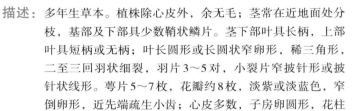

描述： 多年生草本。植株除心皮外，余无毛；茎常在近地面处分枝，基部及下部具少数鞘状鳞片。茎下部叶具长柄，上部叶具短柄或无柄；叶长圆形或长圆状窄卵形，稀三角形，二至三回羽状细裂，羽片3～5对，小裂片窄披针形或披针状线形。萼片5～7枚，花瓣约8枚，淡紫或淡蓝色，窄倒卵形，近先端疏生小齿；心皮多数，子房卵圆形，花柱极短。瘦果倒卵圆形。

生境： 生于高山草地或灌丛中。

分布： 兴隆山景区、马䜴山及周边地区有分布。

□─ 侧金盏花属 *Adonis*

─ 短柱侧金盏花 ─
Adonis davidii

描述： 多年生草本。茎常从下部分枝，基部有膜质鳞片，无毛。茎下部叶有长柄，无毛；叶片五角形或三角状卵形，三全裂，全裂片有长或短柄，二回羽状全裂或深裂，末回裂片狭卵形，有锐齿；叶鞘顶部有叶状裂片。萼片5～7枚，椭圆形；花瓣7～10枚，白色，有时带淡紫色，倒卵状长圆形或长圆形，顶端圆形或微尖；雄蕊与萼片近等长；心皮多数，子房卵形，花柱极短，柱头球形。瘦果倒卵形，疏被短柔毛，有短宿存花柱。

生境： 生于海拔1900～3500米的山地草坡、沟边、林边或林中荫蔽处。

分布： 兴隆山景区有分布。

兴隆山常见植物图谱

□ 银莲花属 *Anemone*

— 阿尔泰银莲花 —

Anemone altaica

- **描述**：多年生草本。基生叶1枚或无，具长柄；叶宽卵形，3全裂，中裂片3裂，具缺刻状牙齿，侧裂片不等2全裂，两面近无毛。花葶近无毛，单花顶生；苞片3，具柄，近五角形，3全裂，中裂片3浅裂，侧裂片不等2裂；萼片8～10枚，白色，倒卵状长圆形或长圆形；花丝丝状，花药长圆形；心皮20～30枚，子房密被柔毛，花柱短。瘦果卵球形。

- **生境**：生于海拔1200～1800米的山地谷中林下、潜丛中或沟边。

- **分布**：兴隆山景区西山有分布。

□─── 银莲花属 *Anemone*

── 小银莲花 ──
Anemone exigua

- **描述**：多年生草本。基生叶2~5枚，具长柄；叶心状五角形，3全裂，中裂片宽菱形，3浅裂，侧裂片不等2浅裂，两面疏被柔毛。花葶1~2条，上部疏被柔毛；苞片3枚，具柄，三角状卵形或卵形，3深裂；萼片5枚，白色，椭圆形或倒卵形；花丝丝状，花药长圆形；心皮5~8枚，子房被短柔毛，花柱短。瘦果椭圆状球形。

- **生境**：生于山地云杉林中或灌丛中。

- **分布**：兴隆山景区西山有分布。

□————□ **银莲花属** *Anemone*

— **疏齿银莲花** —

Anemone geum subsp. *ovalifolia*

描述：多年生草本。基生叶 7～15 枚，有长柄，多少密被短柔毛；叶片肾状三角形或宽卵形，基部心形，三全裂，中全裂片菱状倒卵形，二回浅裂，叶的侧全裂片较小，通常比中全裂片短一倍左右，三浅裂，裂片全缘或有 1～2 枚齿，牙齿的数目通常为中全裂片牙齿数目之半或更少。花序有 1 朵花；苞片倒卵形，三浅裂，或卵状长圆形，不分裂，全缘或有 1～3 枚齿；萼片 5 枚，白色、蓝色或黄色；心皮 20～30 枚，子房密被白色柔毛。

生境：生于高山草地或灌丛边。

分布：马啣山及周边地区广泛分布。

□ **银莲花属** *Anemone*

小花草玉梅

Anemone rivularis var. flore-minore

描述： 多年生草本。植株常粗壮。基生叶3～5枚，有长柄；叶片肾状五角形，三全裂，中全裂片宽菱形或菱状卵形，有时宽卵形，三深裂，深裂片上部有少数小裂片和牙齿，侧全裂片不等二深裂。花葶1～3条，直立；聚伞花序2～3回分枝；苞片3～4枚，近等大，似基生叶，宽菱形，深裂片通常不分裂，披针形至披针状线形；花较小；萼片5～6枚，狭椭圆形或倒卵状狭椭圆形；心皮30～60枚，无毛，子房有拳卷的花柱。瘦果狭卵球形，稍扁，宿存花柱钩状弯曲。

生境： 生于山地林边或草坡。

分布： 兴隆山及周边地区广泛分布。

⊡ **耧斗菜属** *Aquilegia*

— **无距耧斗菜** —

Aquilegia ecalcarata

兴
隆
山
常
见
植
物
图
谱

- **描述**：多年生草本。茎上部常分枝。基生叶为二回三出复叶；中央小叶楔状倒卵形至扇形，三深裂或三浅裂，裂片有2～3个圆齿，侧面小叶斜卵形，不等二裂；茎生叶似基生叶，但较小。花2～6朵；苞片线形；萼片紫色，近平展，椭圆形，顶端急尖或钝；花瓣直立，瓣片长方状椭圆形，顶端近截形，无距；花药近黑色；心皮4～5枚，直立。蓇葖果疏被长柔毛。

- **生境**：生于海拔1800～3500米的山地林下或路旁。

- **分布**：兴隆山景区路旁常见分布。

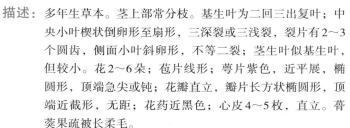

□─ **楼斗菜属** *Aquilegia*

— **楼斗菜** —

Aquilegia viridiflora

描述：多年生草本。茎被柔毛或腺毛。基生叶具长柄，二回三出
复叶；小叶楔状倒卵形，3裂，疏生圆齿，上面无毛，下
面被短柔毛或近无毛茎生叶较小。花序具3～7朵花；萼
片黄绿色，窄卵形；花瓣黄绿色，瓣片宽长圆形，与萼片
近等长，距直或稍弯；雄蕊长达2厘米，伸出花外，退化
雄蕊长7～8毫米；心皮5枚，子房密被腺毛。

生境：生于海拔200～2300米的山地路旁、山坡、河边和潮湿
草地。

分布：石佛沟景区水沟旁常见分布。

兴隆山常见植物图谱

□ 耧斗菜属 *Aquilegia*

— 长果耧斗菜 —

Aquilegia yangii

描述： 多年生草本。茎常分枝。基生叶一至数枚，二回三出复叶；叶柄疏生平展短柔毛；侧生小叶斜卵形，不等2裂至中部；中央小叶宽倒卵形至扇形，3浅裂，裂片具2～3枚钝齿；茎生叶超过两枚。苞片线形至披针形；花序具1～3朵花，花冠二色，下垂；萼片垂直于花序轴，狭卵形，深紫色，先端渐尖；花瓣二色（距暗紫色，瓣片暗黄色），近直立，瓣片矩圆至椭圆形，先端圆截，短于萼片而长于距；距尖端弯曲；雄蕊不外伸，短于或与花瓣等长，花药黄色。

生境： 生于海拔2000～3000米的林缘和草坡。

分布： 兴隆山、石佛沟景区栈道旁常见分布。

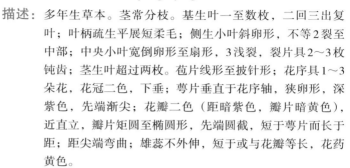

— 空茎驴蹄草 —

Caltha palustris var. barthei

描述： 多年生草本。全株无毛。茎中空，常较高大、粗壮，常在中部或中部以上分枝。基生叶3～7枚；叶片圆形，圆肾形或心形，顶端圆形，基部深心形或基部二裂片互相覆压，边缘全部密生正三角形小牙齿；花序下之叶与基生叶近等大，形状也相似。花序分枝较多，常有多数花；苞片三角状心形，边缘生牙齿；萼片5枚，黄色，倒卵形或狭倒卵形，顶端圆形；心皮7～12枚，与雄蕊近等长，有短花柱。

生境： 生于海拔1000～3800米的山地溪边、草坡或林中。

分布： 兴隆山景区西山沟边广泛分布。

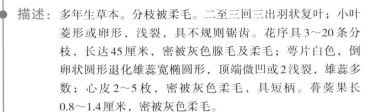

升麻属 *Cimicifuga*

— 升麻 —
Cimicifuga foetida

80

描述： 多年生草本。分枝被柔毛。二至三回三出羽状复叶；小叶菱形或卵形，浅裂，具不规则锯齿。花序具3～20条分枝，长达45厘米，密被灰色腺毛及柔毛；萼片白色，倒卵状圆形退化雄蕊宽椭圆形，顶端微凹或2浅裂，雄蕊多数；心皮2～5枚，密被灰色柔毛，具短柄。蓇葖果长0.8～1.4厘米，密被灰色柔毛。

生境： 生于海拔1700～2300米的山地林缘、林中或路旁草丛中。

分布： 兴隆山、马啣山路旁常见分布。

□— □ 铁线莲属 *Clematis*

短尾铁线莲
Clematis brevicaudata

描述： 木质藤本。枝被柔毛。二回羽状复叶或二回三出复叶；小
叶薄纸质，卵形或窄卵形，先端渐尖或长渐尖，基部圆或
浅心形，疏生牙齿，不裂或3浅裂，两面近无毛或疏被柔
毛。花序腋生并顶生，4～25朵花；苞片卵形；萼片4枚，
白色，开展，倒卵状长圆形，被平伏柔毛，内面疏被毛；
雄蕊无毛。

生境： 生于山地灌丛或疏林中。

分布： 兴隆山景区东山入口处有分布。

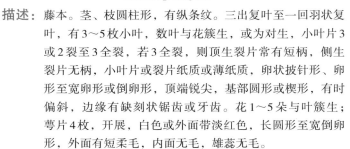

□ 铁线莲属 *Clematis*

— 薄叶铁线莲 —
Clematis gracilifolia

描述： 藤本。茎、枝圆柱形，有纵条纹。三出复叶至一回羽状复叶，有3～5枚小叶，数叶与花簇生，或为对生，小叶片3或2裂至3全裂，若3全裂，则顶生裂片常有短柄，侧生裂片无柄，小叶片或裂片纸质或薄纸质，卵状披针形、卵形至宽卵形或倒卵形，顶端锐尖，基部圆形或楔形，有时偏斜，边缘有缺刻状锯齿或牙齿。花1～5朵与叶簇生；萼片4枚，开展，白色或外面带淡红色，长圆形至宽倒卵形，外面有短柔毛，内面无毛，雄蕊无毛。

生境： 生于山坡林中阴湿处或沟边、灌丛。

分布： 兴隆山、石佛沟景区有分布。

□ 铁线莲属 *Clematis*

— 长瓣铁线莲 —

Clematis macropetala

- 描述： 木质藤本。二回三出复叶与1花自老枝腋芽中生出；小叶纸质，窄卵形、披针形或卵形，先端渐尖，基部宽楔形或圆，具锯齿，不裂或2~3裂。花单生；萼片4枚，蓝或紫色，斜展，斜卵形，密被柔毛；退化雄蕊窄披针形，有时内层的线状匙形，与萼片近等长，花丝被柔毛，花药窄长圆形或线形，背面被毛；宿存花柱羽毛状。

- 生境： 生于荒山坡、草坡岩石缝中及林下。

- 分布： 兴隆山景区灌丛常见分布。

铁线莲属 *Clematis*

— 绣球藤 —
Clematis montana

描述：木质藤本。茎具纵沟。三出复叶；小叶纸质，卵形、菱状卵形或椭圆形，先端渐尖，基部宽楔形或圆，疏生牙齿，两面疏被短柔毛。花2～4朵与数叶自老枝腋芽生出；萼片4枚，白色，稀带粉红色，开展，倒卵形，疏被平伏短柔毛，内面无毛，边缘无毛；雄蕊无毛，花药窄长圆形，顶端钝；宿存花柱羽毛状。

生境：生于山坡、山谷灌丛中、林边或沟旁。

分布：兴隆山、石佛沟景区常见分布。

— 甘青铁线莲 —

Clematis tangutica

描述：木质藤本，在荒漠地区呈矮小灌木状。一至二回羽状复叶；小叶菱状卵形或窄卵形，先端尖，具小牙齿，两面脉疏被柔毛。花单生枝顶，或1～3朵组成腋生花序；苞片似小叶；萼片4枚，黄色，具时带紫色，窄卵形或长圆形，顶端常骤尖，疏被柔毛，边缘被柔毛；花丝被柔毛，花药无毛，顶端具不明显小尖头。

生境：生于高原草地或灌丛中。

分布：兴隆山及周边地区路旁常见分布。

□ 翠雀属 *Delphinium*

— 蓝翠雀花 —

Delphinium caeruleum

描述: 多年生草本。茎与叶柄均被反曲的短柔毛。叶片近圆形,三全裂,中央全裂片菱状倒卵形,细裂,末回裂片线形,顶端有短尖,侧全裂片扇形,2~3回细裂;叶柄基部有狭鞘;茎生叶似基生叶,渐变小。伞房花序常呈伞状,有1~7朵花;下部苞片叶状或三裂,其他苞片线形;小苞片生花梗中部上下,披针形;萼片紫蓝色,偶尔白色,椭圆状倒卵形或椭圆形;距钻形,花瓣蓝色;退化雄蕊蓝色,瓣片宽倒卵形或近圆形,腹面被黄色髯毛;心皮5枚,子房密被短柔毛。

生境: 生于海拔2100~4000米的山地草坡或多石砾山坡。

分布: 马啣山周边地区有分布。

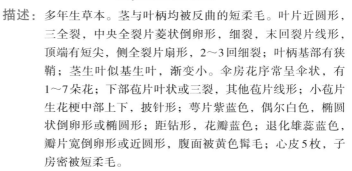

— 细须翠雀花 —

Delphinium siwanense

描述：多年生草本。茎多分枝。叶片五角形，三全裂近基部，中央全裂片三深裂或不裂，侧全裂片扇形，不等二深裂，二回裂片不等二至三裂，末回小裂片披针形至条形，两面均被白色短伏毛。伞房花序有2～7朵花，顶端5～6朵常排列成伞状；苞片三裂或不裂而呈线形；小苞片生花梗中部上下，线形或钻形；萼片宿存，蓝紫色，椭圆状卵形，外面被短柔毛，距钻形，直或末端稍向下弯曲；花瓣上部黑褐色；退化雄蕊的瓣片二浅裂，腹面中央有淡黄色髯毛；雄蕊无毛；心皮3枚。

生境：生于海拔1850～3200米的山地草坡、林边或灌丛中。

分布：石佛沟景区、马啣山路旁有分布。

兴隆山常见植物图谱

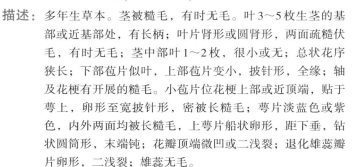

□ 翠雀属 *Delphinium*

— 毛翠雀花 —
Delphinium trichophorum

● **描述**：多年生草本。茎被糙毛，有时无毛。叶 3～5 枚生茎的基部或近基部处，有长柄；叶片肾形或圆肾形，两面疏糙伏毛，有时无毛；茎中部叶 1～2 枚，很小或无；总状花序狭长；下部苞片似叶，上部苞片变小，披针形，全缘；轴及花梗有开展的糙毛。小苞片位花梗上部或近顶端，贴于萼上，卵形至宽披针形，密被长糙毛；萼片淡蓝色或紫色，内外两面均被长糙毛，上萼片船状卵形，距下垂，钻状圆筒形，末端钝；花瓣顶端微凹或二浅裂；退化雄蕊瓣片卵形，二浅裂；雄蕊无毛。

● **生境**：生于高山草坡、高山草甸。

● **分布**：马啣山常见分布。

□ **碱毛茛属** *Halerpestes*

— 长叶碱毛茛 —
Halerpestes ruthenica

描述： 多年生小草本。匍匐茎细长。叶具长柄，宽梯形或卵状梯形，先端近平截，疏生钝齿，或微三裂，基部近平截或宽楔形。花莛高达24厘米，疏被柔毛；花1～3朵顶生，萼片窄卵形；花瓣6～12枚，倒卵状披针形；雄蕊50～78枚，较花瓣短2/3。聚合果卵球形，瘦果极多，紧密排列，斜倒卵圆形，喙短而直。

生境： 生于盐碱沼泽地或湿草地、溪边。

分布： 马啣山周边地区常见分布。

兴隆山常见植物图谱

□ **碱毛茛属** *Halerpestes*

— 三裂碱毛茛 —
Halerpestes tricuspis

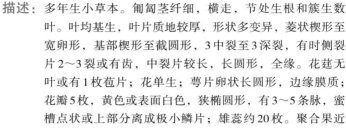

● **描述：** 多年生小草本。匍匐茎纤细，横走，节处生根和簇生数叶。叶均基生，叶片质地较厚，形状多变异，菱状楔形至宽卵形，基部楔形至截圆形，3中裂至3深裂，有时侧裂片2～3裂或有齿，中裂片较长，长圆形，全缘。花葶无叶或有1枚苞片；花单生；萼片卵状长圆形，边缘膜质；花瓣5枚，黄色或表面白色，狭椭圆形，有3～5条脉，蜜槽点状或上部分离成极小鳞片；雄蕊约20枚。聚合果近球形，瘦果20多枚。

● **生境：** 生于海拔3000～5000米的盐碱性湿草地或溪边。

● **分布：** 马啣山周边地区常见分布。

□ **扁果草属** *Isopyrum*

— **扁果草** —

Isopyrum anemonoides

描述： 多年生草本。茎直立，柔弱，无毛。基生叶多数，具长柄，二回三出复叶，无毛；叶三角形，顶生小叶具细柄，菱形或倒卵状圆形，3全裂或3深裂，裂片具3枚粗圆齿或全缘，不等2～3深裂或浅裂；茎生叶1～2枚，似基生叶，较小。单歧聚伞花序，具2～3朵花；苞片卵形，3全裂或3深裂；萼片白色，宽椭圆形或倒卵形，先端圆或钝；花瓣长圆状船形，基部筒状；雄蕊多数；心皮2～5枚。蓇葖果扁平，宿存花柱微外弯，无毛。

生境： 生于海拔2300～3500米的山地草原或林下石缝中。

分布： 马啣山周边地区零星分布。

□ **毛茛属** *Ranunculus*

— 高原毛茛 —

Ranunculus tanguticus

● **描述**：多年生草本。茎被柔毛。基生叶5～10枚或更多，叶五角形或宽卵形，基部心形，3全裂，中裂片宽菱形或楔状菱形，侧裂片斜扇形，全裂片均二回细裂，小裂片线状披针形，两面或下面被柔毛；茎生叶渐小。顶生花序2～3朵花；花托被柔毛；萼片5枚，窄椭圆形；花瓣5枚，倒卵形；雄蕊多数。瘦果倒卵状球形。

● **生境**：生于海拔3000～4500米的高山草甸、山坡或沟边沼泽湿地。

● **分布**：马啣山及周边地区常见分布。

兴隆山常见植物图谱

☐ **唐松草属** *Thalictrum*

— **贝加尔唐松草** —

Thalictrum baicalense

- **描述**：多年生草本。植株无毛。茎中部叶具短柄，三回三出复叶；小叶草质，菱状宽倒卵形或宽菱形，3浅裂，疏生齿，下面网脉稍隆起。花序上部分枝呈伞房状，或密集呈伞形；萼片4枚，绿白色，早落，椭圆形；雄蕊15～20枚，花丝上部窄倒披针形，下部丝状；心皮3～7枚，花柱腹面顶端具近球形小柱头。瘦果扁球形，具短柄，宿存花柱短。

- **生境**：生于山地林下或湿润草坡。

- **分布**：兴隆山景区有分布。

□ 唐松草属 *Thalictrum*

— 绢毛唐松草 —
Thalictrum brevisericeum

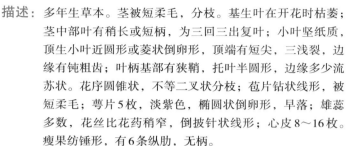

- **描述**：多年生草本。茎被短柔毛，分枝。基生叶在开花时枯萎；茎中部叶有稍长或短柄，为三回三出复叶；小叶坚纸质，顶生小叶近圆形或菱状倒卵形，顶端有短尖，三浅裂，边缘有钝粗齿；叶柄基部有狭鞘，托叶半圆形，边缘多少流苏状。花序圆锥状，不等二叉状分枝；苞片钻状线形，被短柔毛；萼片5枚，淡紫色，椭圆状倒卵形，早落；雄蕊多数，花丝比花药稍窄，倒披针状线形；心皮8～16枚。瘦果纺锤形，有6条纵肋，无柄。

- **生境**：生于海拔950～2300米的山地林边。

- **分布**：石佛沟景区路旁、沟边有分布。

唐松草属 *Thalictrum*

— 长喙唐松草 —

Thalictrum macrorhynchum

描述： 多年生草本。植株无毛。基生叶及茎下部叶具较长柄；二至三回三出复叶；小叶草质，圆菱形或宽倒卵形，3浅裂，下面脉平或中脉稍隆起。花序伞房状；花稀疏；花梗长1.2～3.2厘米；萼片白色，早落，椭圆形；花丝上部窄倒披针形，下部细；心皮10～20枚，具短柄。瘦果长卵圆形，具短柄，宿存花柱钩曲。

生境： 生于海拔850～2900米的山地林中或山谷灌丛中。

分布： 兴隆山景区零星分布。

唐松草属 *Thalictrum*

— 亚欧唐松草 —
Thalictrum minus

描述： 多年生草本。植株全部无毛。茎下部叶有稍长柄或短柄，茎中部叶有短柄或近无柄，为四回三出羽状复叶；小叶纸质或薄革质，顶生小叶楔状倒卵形、宽倒卵形、近圆形或狭菱形，基部楔形至圆形，三浅裂或有疏牙齿，偶尔不裂，背面淡绿色；叶柄基部有狭鞘。圆锥花序长达30厘米；萼片4枚，淡黄绿色，脱落，狭椭圆形；雄蕊多数，花药顶端有短尖头，花丝丝形；心皮3～5枚，无柄，柱头正三角状箭头形。瘦果狭椭圆球形，稍扁，有8条纵肋。

生境： 生于海拔1400～2700米的山地草坡、田边、灌丛中或林中。

分布： 兴隆山景区、石佛沟景区广泛分布。

唐松草属 *Thalictrum*

— 瓣蕊唐松草 —
Thalictrum petaloideum

描述： 多年生草本。植株无毛。基生叶数个，三至四回三出或羽状复叶；小叶草质，倒卵形、宽倒卵形、窄椭圆形、菱形或近圆形，3裂或不裂，全缘，脉平。花序伞房状，具多花或少花；萼片4枚，白色，早落，卵形；雄蕊多数，花丝上部倒披针形，下部丝状；心皮4～13枚，无柄，花柱明显，腹面具柱头。瘦果窄椭圆形，稍扁，宿存花柱长1毫米。

生境： 多生于山坡草地。

分布： 马啣山周边地区常见分布。

□ 唐松草属 *Thalictrum*

— 长柄唐松草 —
Thalictrum przewalskii

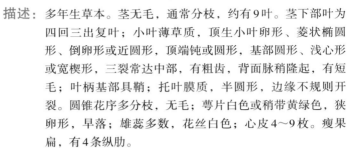

● 描述： 多年生草本。茎无毛，通常分枝，约有9叶。茎下部叶为
四回三出复叶；小叶薄草质，顶生小叶卵形、菱状椭圆
形、倒卵形或近圆形，顶端钝或圆形，基部圆形、浅心形
或宽楔形，三裂常达中部，有粗齿，背面脉稍隆起，有短
毛；叶柄基部具鞘；托叶膜质，半圆形，边缘不规则开
裂。圆锥花序多分枝，无毛；萼片白色或稍带黄绿色，狭
卵形，早落；雄蕊多数，花丝白色；心皮4～9枚。瘦果
扁，有4条纵肋。

● 生境： 生于山地灌丛边、林下或草坡。

● 分布： 石佛沟景区栈道旁广泛分布。

金莲花属 *Trollius*

— 矮金莲花 —
Trollius farreri

描述：多年生草本。植株全部无毛。茎不分枝。叶3～4枚，全部基生或近基生，有长柄；叶片五角形，基部心形，三全裂达或几达基部，中央全裂片菱状倒卵形或楔形，与侧生全裂片通常分开，三浅裂，小裂片互相分开，生2～3枚不规则三角形牙齿，侧全裂片不等二裂稍超过中部，二回裂片生稀疏小裂片及三角形牙齿。花单独顶生；萼片黄色，顶端圆形或近截形，宿存；花瓣匙状线形，比雄蕊稍短，顶端稍变宽；心皮6～9枚。

生境：生于山地及山间草坡。

分布：马啣山及周边地区广泛分布。

兴隆山常见植物图谱

□─□ **芍药属** *Paeonia*

— 川赤芍 —

Paeonia anomala subsp. *veitchii*

描述： 多年生草本。二回三出复叶，叶片轮廓宽卵形；小叶成羽状分裂，裂片窄披针形至披针形，顶端渐尖，全缘，表面深绿色，背面淡绿色。花2～4朵，生茎顶端及叶腋，有时仅顶端一朵开放，叶腋有发育不好的花芽；苞片2～3枚，分裂或不裂，披针形；萼片4枚，宽卵形；花瓣6～9枚，倒卵形，紫红色或粉红色；花盘肉质，仅包裹心皮基部；心皮2～3枚，密生黄色绒毛。蓇葖果密生黄色绒毛。

生境： 生于山坡林下草丛中、路旁及山坡疏林中。

分布： 兴隆山及周边地区广泛分布。

茶藨子属 *Ribes*

— 宝兴茶藨子 —

Ribes moupinense

描述： 落叶灌木。叶卵圆形或宽三角状卵圆形，基部心形，稀近平截，常3～5裂，裂片三角状长卵圆形或长三角形，顶生裂片长于侧生裂片，具不规则尖锐单锯齿和重锯齿。花两性；总状花序下垂，具9～25朵花，疏散；花序轴具柔毛；苞片宽卵圆形或近圆形，花序下部的苞片长卵圆形或披针状卵圆形；花萼绿色有红晕，无毛，萼筒钟形，萼片卵圆形或舌形，无睫毛，直立；花瓣倒三角状扇形；花柱顶端2裂。果球形，黑色，无毛。

生境： 生于山坡路边杂木林下、岩石坡地及山谷林下。

分布： 石佛沟景区栈道旁有分布。

□ 茶藨子属 *Ribes*

— 长果茶藨子 —

Ribes stenocarpum

● **描述**：落叶灌木。在叶下部的节上具1～3枚粗壮刺；叶近圆形或宽卵圆形，不育枝上的叶较大，基部截形至近心脏形，掌状3～5深裂，裂片先端圆钝，边缘具粗钝锯齿。花两性，2～3朵组成短总状花序或单生于叶腋；苞片成对生于花梗节上，宽卵圆形；花萼浅绿色或绿褐色；萼片舌形或长圆形，先端圆钝，花期开展或反折，果期常直立；花瓣先端圆钝，白色；花丝白色，花药伸出花瓣；子房长圆形，花柱长于雄蕊。

● **生境**：生于山坡灌丛、云杉林和杂木林下或山沟中。

● **分布**：石佛沟景区零星分布。

— 柔毛金腰 —

Chrysosplenium pilosum var. valdepilosum

描述： 多年生草本。叶对生，具褐色斑点，近扇形，先端钝圆，边缘具明显钝齿，基部宽楔形，顶生者阔卵形至近圆形，边缘具不明显之7枚波状圆齿，腹面无毛，背面和边缘具褐色柔毛；茎生叶对生，扇形，先端近截形，边缘具明显钝齿，基部楔形。聚伞花序分枝无毛；苞叶近扇形，先端钝圆至近截形，边缘具明显钝齿；花梗无毛；萼片具褐色斑点，阔卵形至近阔椭圆形，先端钝；雄蕊8枚；无花盘。蒴果2枚，果瓣不等大。

生境： 生于海拔1500～3500米的林下阴湿处或山谷石隙。

分布： 兴隆山景区、石佛沟景区有分布。

104

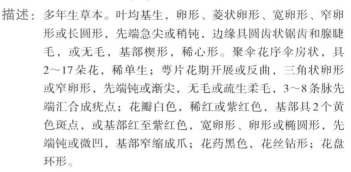

□ 虎耳草属 *Saxifraga*

黑蕊虎耳草

Saxifraga melanocentra

描述： 多年生草本。叶均基生，卵形、菱状卵形、宽卵形、窄卵形或长圆形，先端急尖或稍钝，边缘具圆齿状锯齿和腺睫毛，或无毛，基部楔形，稀心形。聚伞花序伞房状，具2～17朵花，稀单生；萼片花期开展或反曲，三角状卵形或窄卵形，先端钝或渐尖，无毛或疏生柔毛，3～8条脉先端汇合成疣点；花瓣白色，稀红或紫红色，基部具2个黄色斑点，或基部红至紫红色，宽卵形、卵形或椭圆形，先端钝或微凹，基部窄缩成爪；花药黑色，花丝钻形；花盘环形。

生境： 生于海拔3000～5300米的山坡、高山灌丛、高山草甸和高山碎山隙。

分布： 马啣山及周边地区有分布。

□ 虎耳草属 *Saxifraga*

山地虎耳草

Saxifraga sinomontana

- 描述：多年生草本。丛生。茎疏被褐色卷曲柔毛。基生叶发达，具柄，叶片椭圆形、长圆形至线状长圆形，先端钝或急尖，无毛；茎生叶披针形至线形，两面无毛或背面和边缘疏生褐色长柔毛。聚伞花序具2～8朵花，稀单花；萼片在花期直立，近卵形至近椭圆形，先端钝圆，5～8条脉；花瓣黄色，倒卵形、椭圆形、长圆形、提琴形至狭倒卵形，先端钝圆或急尖，基部具爪，5～15条脉，基部侧脉旁具2个痂体；花柱2枚。

- 生境：生于灌丛、高山草甸、高山沼泽化草甸和高山碎石隙。

- 分布：马啣山及周边地区有分布。

兴隆山常见植物图谱

□ 虎耳草属 *Saxifraga*

— 唐古特虎耳草 —
Saxifraga tangutica

描述：多年生草本。丛生。茎被褐色卷曲长柔毛。基生叶具柄，叶片卵形、披针形至长圆形，先端钝或急尖，两面无毛，边缘具褐色卷曲长柔毛；茎生叶片披针形、长圆形至狭长圆形，背面下部和边缘具褐色卷曲柔毛。多歧聚伞8～24朵花；萼片在花期由直立变开展至反曲，卵形、椭圆形至狭卵形，先端钝；花瓣黄色，或腹面黄色而背面紫红色，卵形、椭圆形至狭卵形，先端钝，基部具爪，3～5条脉，具2个痂体；子房周围具环状花盘。

生境：生于海拔2900～5600米的林下、山坡、草地、灌丛、高山草甸和高山碎石隙。

分布：马啣山及周边地区有分布。

□ **虎耳草属** *Saxifraga*

爪瓣虎耳草

Saxifraga unguiculata

- **描述**：多年生草本。丛生，具莲座叶丛。花茎具叶；莲座叶匙形至近狭倒卵形，先端具短尖头，通常两面无毛，边缘多少具刚毛状睫毛；茎生叶稍肉质，长圆形、披针形至剑形，先端具短尖头，常两面无毛，边缘常具腺睫毛。花单生茎顶，或聚伞花序具 2～8 朵花，细弱；萼片初直立，后变开展至反曲，肉质，通常卵形，先端钝或急尖，3～5 条脉；花瓣黄色，中下部具橙色斑点，狭卵形、近椭圆形、长圆形至披针形，先端急尖或稍钝，基部具爪，3～7 条脉；子房阔卵球形。

- **生境**：生于海拔 3200～5600 米的林下、山坡、高山草甸和高山碎石隙。

- **分布**：马啣山周边地区有分布。

兴隆山常见植物图谱

□ **瓦松属** *Orostachys*

— 塔花瓦松 —
Orostachys chanetii

描述：多年生草本。莲座叶线形，先端有半圆形，白色，软骨质边，中央有白色软骨质刺，有时两侧又各有1枚齿。花茎直立，着叶，有斜上的分枝；花茎叶线形，先端有尖刺；花序外形狭金字塔形，小花序伞房状，全花序呈圆锥状；苞片着生在花梗中部；花多数；萼片5枚，卵形，先端有短尖；花瓣5枚，白色，先端有红色小斑点，披针形；雄蕊10枚，稍短于花瓣，花药深紫色；鳞片5枚，近正方形，先端圆或凹；心皮5枚，直立，披针状长圆形，基部有短柄。蓇葖果直立，喙长1毫米。

生境：生于海拔400～1700米的山坡石上、石壁或屋顶上。

分布：兴隆山景区公路旁有分布。

— 费 菜 —
Phedimus aizoon

- **描述**：多年生草本。茎直立，不分枝。叶互生，长披针形至倒披针形，顶端渐尖，基部楔形，边缘有不整齐的锯齿，几无柄。聚伞花序，分枝平展；花密生；萼片5枚，条形，不等长，顶端钝；花瓣5枚，黄色，椭圆状披针形；雄蕊10枚，较花瓣为短；心皮5枚，卵状矩圆形，基部合生，腹面有囊状突起。蓇葖果成星芒状排列，叉开几至水平排列。

- **生境**：多生于灌丛、山坡草地、岩石缝隙。

- **分布**：兴隆山景区、石佛沟景区路旁有分布。

□ **红景天属** *Rhodiola*

— 小丛红景天 —
Rhodiola dumulosa

描述： 多年生草本。花茎聚生主轴顶端，不分枝。叶互生，线形或宽线形，全缘；无柄。花序聚伞状，有4～7朵花；萼片5枚，线状披针形，长4毫米；花瓣5枚，直立，白或红色，披针状长圆形，直立，边缘平直，或多少流苏状；雄蕊10枚，较花瓣短；鳞片5枚，横长方形，先端微缺；心皮5枚，卵状长圆形，直立，基部1～1.5毫米合生。

生境： 生于海拔1600～3900米的石质山坡。

分布： 马啣山周边地区有分布。

兴隆山常见植物图谱

□ **红景天属** *Rhodiola*

— 大果红景天 —
Rhodiola macrocarpa

描述：多年生草本。花茎少数，直立，不分枝，上部有微乳头状突起。叶近轮生，无柄，上部的叶线状倒披针形至倒披针形，先端急尖，基部渐狭，边缘有不整齐的锯齿或浅裂，下部的叶渐缩小而全缘。花序伞房状，有苞片；雌雄异株；萼片5枚，线形，花瓣5枚，黄绿色，线形；雄花中雄蕊10枚，黄色；鳞片5枚，近正方形，先端有微缺；雄花中心皮5枚，线状披针形，不育，雌花心皮5枚，紫色，长圆状卵形，基部急狭。

生境：生于海拔2900～4000米的山坡石上。

分布：马啣山周边地区有分布。

□—— 景天属 *Sedum*

— 阔叶景天 —

Sedum roborowskii

描述： 二年生草本。无毛。茎基部分枝。叶长圆形，有钝距。花序伞房状（近蝎尾状聚伞花序)，疏生多花；苞片叶状；萼片长圆形或长圆状倒卵形，不等长，有钝距；花瓣淡黄色，卵状披针形，离生，先端钝；外轮雄蕊长约2.7毫米，内轮生于距花瓣基部约0.7毫米，长约2毫米；鳞片线状长方形，先端微缺；心皮长圆形，基部合生约0.7毫米。

生境： 生于海拔2200～4500米山坡林下阴处或岩石上，也见于冲积滩地。

分布： 兴隆山东山有分布。

□ 蒺藜属 *Tribulus*

— 蒺藜 —
Tribulus terrestris

描述：一年生草本。茎由基部分枝，平卧，淡褐色；全体被绢丝状柔毛。偶数羽状复叶互生；小叶6～14枚，对生，矩圆形，顶端锐尖或钝，基部稍偏斜，近圆形，全缘。花小，黄色，单生叶腋；花梗短；萼片5枚，宿存；花瓣5枚；雄蕊10枚，生花盘基部，基部有鳞片状腺体。果为5个分果瓣组成，每果瓣具长短棘刺各1对；背面有短硬毛及瘤状突起。

生境：多生于荒丘、田边及田间。

分布：兴隆山及周边地区路旁常见分布。

□ 黄耆属 *Astragalus*

— 地八角 —
Astragalus bhotanensis

兴隆山 常见植物图谱

描述： 多年生草本。茎直立、匍匐或斜上。羽状复叶有19~29枚小叶；托叶卵状披针形，基部与叶柄贴生；小叶倒卵形或倒卵状椭圆形，先端钝。总状花序有多数花，花密集成头状；花序梗疏被白毛；苞片宽披针形；小苞片2枚，花萼管状，萼齿与萼筒等长，疏被白色毛；花冠红紫、紫、灰蓝、白或淡黄色，旗瓣倒披针形。荚果圆柱形，劲直，多数聚生排成球形果序。

生境： 生于山坡、山沟、河漫滩、田边及灌丛下阴湿处。

分布： 石佛沟景区路旁有分布。

— 祁连山黄耆 —
Astragalus chilienshanensis

描述： 多年生草本。茎多少短缩。羽状复叶有9～13枚小叶；托叶离生，叶状，椭圆形，具白色缘毛；小叶卵圆形或长圆形，先端钝或微凹，基部宽楔形或近圆形。总状花序有10余朵花，稍紧密；总花梗比叶长2～3倍；苞片线形；花萼钟状，萼筒带黑紫色，萼齿披针形，内面被黑色柔毛；花冠黄色，干时呈黑褐色，旗瓣宽倒卵形，先端微凹，基部渐狭成瓣柄，翼瓣与旗瓣近等长，瓣片长圆形，基部具短耳；子房密被白色和黑色柔毛。荚果纺锤形，散生黑色柔毛。

生境： 生于海拔3500米左右的山坡沼泽地、灌丛。

分布： 马啣山周边地区有分布。

□——□ 黄耆属 *Astragalus*

— 斜茎黄耆 —
Astragalus laxmannii

兴隆山常见植物图谱

描述： 多年生草本。茎多数或数个丛生，直立或斜上。羽状复叶有 9～25 枚小叶；托叶三角形，渐尖；小叶长圆形、近椭圆形或狭长圆形，基部圆形或近圆形，有时稍尖。总状花序长圆柱状、穗状，生多数花，排列密集，有时稀疏；总花梗较叶长或与其等长；苞片狭披针形至三角形，先端尖；花萼管状钟形，被黑褐色或白色毛，或有时被黑白混生毛，萼齿狭披针形，长为萼筒的1/3；花冠近蓝色或红紫色，旗瓣倒卵圆形，翼瓣较旗瓣短，瓣片长圆形；子房被密毛。荚果长圆形。

生境： 生于向阳山坡、草地、灌丛及林缘地带。

分布： 马啣山周边地区零星分布。

□ 黄耆属 *Astragalus*

— 甘肃黄耆 —
Astragalus licentianus

描述： 落叶灌木。叶卵圆形或宽三角状卵圆形，基部心形，稀近平截，常3～5裂，裂片三角状长卵圆形或长三角形，顶生裂片长于侧生裂片，具不规则尖锐单锯齿和重锯齿。花两性；总状花序下垂，具9～25朵花，疏散；花序轴具柔毛；苞片宽卵圆形或近圆形，花序下部的苞片长卵圆形或披针状卵圆形；花萼绿色有红晕，无毛；萼筒钟形，萼片卵圆形或舌形，无睫毛，直立；花瓣倒三角状扇形；花柱顶端2裂。果球形，黑色，无毛。

生境： 生于海拔3000～4500米的高山沼泽草地或高山草甸。

分布： 马啣山有分布。

117

□ 黄耆属 *Astragalus*

— 马啣山黄耆 —
Astragalus mahoschanicus

描述：多年生草本。茎细弱，具条棱，被白色和黑色伏贴柔毛。羽状复叶有 9～19 片小叶；托叶离生，宽三角形，先端尖，下面被白色柔毛；小叶卵形至长圆状披针形，先端钝圆或短渐尖，基部近圆形。总状花序生 15～40 朵花，密集呈圆柱状；苞片披针形，膜质，下面有黑色柔毛；花萼钟状，被较密的黑色伏贴柔毛，萼齿钻状；花冠黄色，旗瓣长圆形，先端微凹，翼瓣较旗瓣稍短，瓣片长圆形，龙骨瓣最短；子房球形，密被白毛或混生黑色长柔毛。荚果球状。

生境：生于海拔 1800～4500 米的山坡、山顶和沟边。

分布：马啣山有分布。

— 草木樨状黄耆 —

Astragalus melilotoides

描述： 多年生草本。茎直立或斜生，多分枝。羽状复叶有5～7片小叶；托叶离生，三角形或披针形；小叶长圆状楔形或线状长圆形，先端截形或微凹，基部渐狭，两面均被白色细伏贴柔毛。总状花序生多数花，稀疏；总花梗远较叶长；苞片小，披针形，花萼短钟状，被白色短伏贴柔毛，萼齿三角形；花冠白色或带粉红色，旗瓣近圆形或宽椭圆形，先端微凹，翼瓣较旗瓣稍短，先端有不等的2裂或微凹，基部具短耳，龙骨瓣先端带紫色；子房无毛。荚果宽倒卵状球形或椭圆形，具短喙。

生境： 生于向阳山坡、路旁草地或草甸草地。

分布： 兴隆山、石佛沟景区有分布。

□ 黄耆属 *Astragalus*

— 蒙古黄耆 —
Astragalus mongholicus

兴隆山 常见植物图谱

描述： 多年生草本。茎直立，上部多分枝，有细棱。羽状复叶有
13～27片小叶；托叶离生，卵形、披针形或线状披针形；
小叶椭圆形或长圆状卵形，先端钝圆或微凹，基部圆形，
上面绿色。总状花序具10～20朵花；苞片线状披针形，
背面被白色柔毛；小苞片2；花萼钟状，外面被白色或黑
色柔毛，萼齿短，三角形至钻形；花冠黄色或淡黄色，旗
瓣倒卵形，顶端微凹，基部具短瓣柄，翼瓣长圆形，基部
具短耳，龙骨瓣半卵形。荚果薄膜质，稍膨胀，半椭圆
形，顶端具刺尖。

生境： 生于林缘、灌丛或疏林下，亦见于山坡草地或草甸中。

分布： 石佛沟景区路边常见分布。

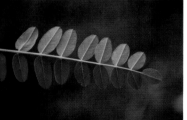

黄耆属 *Astragalus*

— 线苞黄耆 —

Astragalus pastorius var. lineribracteatus

描述：多年生草本。茎外倾或平铺。羽状复叶有7～13片小叶；托叶三角状或宽卵形，渐尖；小叶互生，椭圆状长圆形，先端钝，有短尖头，基部宽楔形。总状花序生7～9朵花，呈伞形，疏被黑色毛或近无毛；总花梗较叶长；苞片线形或披针状线形，近膜质；花梗密被黑色毛；小苞片线形，稍具毛；花萼钟状，被褐色毛，萼齿三角状披针形；花冠青紫色，旗瓣瓣片近圆形，先端微缺，翼瓣瓣片狭长圆形，龙骨瓣瓣片近倒卵形。荚果膨胀，椭圆形，先端尖喙状。

生境：生于海拔2800～4200米的草地、林缘、林下和阴湿地。

分布：马啣山周边地区有分布。

□─── 黄耆属 *Astragalus*

— 黑紫花黄耆 —

Astragalus przewalskii

描述： 多年生草本。茎直立，通常中部以下无叶，仅有叶鞘，叶鞘膜质，卵形，抱茎。羽状复叶有9～17片小叶；托叶离生，披针形；小叶线状披针形，先端渐尖，基部钝圆，上面绿色，下面灰绿色。总状花序稍密集，有10余朵花；总花梗与叶近等长或稍长；苞片披针形；花萼钟状，萼齿三角状披针形；花冠黑紫色，旗瓣先端微凹，基部渐狭成瓣柄，翼瓣瓣片长圆形，具短耳，龙骨瓣较翼瓣稍短；子房被黑色短柔毛。荚果膜质，膨大，梭形或披针形。

生境： 生于海拔2500～4100米的阴坡、灌丛及沟旁湿处。

分布： 马啣山及周边地区常见分布。

兴隆山常见植物图谱

黄耆属 *Astragalus*

糙叶黄耆

Astragalus scaberrimus

描述：多年生草本。羽状复叶有7～15片小叶；托叶下部与叶柄贴生，上部呈三角形至披针形；小叶椭圆形或近圆形，有时披针形，先端锐尖、渐尖，有时稍钝，基部宽楔形或近圆形。总状花序生3～5朵花，排列紧密或稍稀疏；总花梗极短或长达数厘米；苞片披针形，较花梗长；花萼管状，萼齿线状披针形；花冠淡黄色或白色，旗瓣倒卵状椭圆形，先端微凹，翼瓣瓣片长圆形，先端微凹，龙骨瓣瓣片半长圆形；子房有短毛。荚果披针状长圆形，微弯，密被白色伏贴毛。

生境：生于山坡石砾质草地、草原、沙丘及沿河流两岸的砂地。

分布：石佛沟景区路边常见分布。

□ 黄耆属 *Astragalus*

─ 小果黄耆 ─
Astragalus zacharensis

描述： 多年生草本。被灰白色的伏贴柔毛；茎基部分枝。奇数羽状复叶，具13～25片小叶；托叶离生，三角状披针形；小叶披针形或长圆形，先端钝或微凹，基部宽楔形。总状花序生8～12朵花，较密集呈头状；总花梗较叶长；苞片线状披针形；花萼钟状，萼齿线形；花冠淡红色或近白色，旗瓣近圆形或倒卵形，先端微凹，翼瓣瓣片狭长圆形，龙骨瓣瓣片半圆形；子房线形。荚果近椭圆形，被白色短柔毛。

生境： 生于海拔1000～1500米的林下、山坡草地或沙地。

分布： 石佛沟景区、马啣山周边地区有分布。

兴隆山 常见植物图谱

□— 锦鸡儿属 *Caragana*

— 鬼箭锦鸡儿 —
Caragana jubata

描述：灌木。直立或伏地，基部多分枝。羽状复叶有4～6对小叶；托叶先端刚毛状，不硬化成针刺，叶轴宿存；小叶长圆形，先端圆或尖，具刺尖头，基部圆形，绿色，被长柔毛。苞片线形；花萼钟状管形，被长柔毛，萼齿披针形；花冠玫瑰色、淡紫色、粉红色或近白色；子房被长柔毛。荚果密被丝状长柔毛。

生境：生于海拔2400～3000米的山坡、林缘、灌丛。

分布：马啣山及周边地区常见分布。

锦鸡儿属 *Caragana*

— 红花锦鸡儿 —
Caragana rosea

兴隆山常见植物图谱

- **描述**：灌木。假掌状复叶有小叶2对；托叶在长枝上的呈细针刺状，宿存，短枝上的脱落；叶轴呈针刺状；小叶倒卵形，近革质，先端圆钝或微凹，具刺尖，基部楔形。花单生；花萼管状钟形，常带紫红色，基部不膨大，或下部稍膨大，萼齿三角形，内面密被短柔毛；花冠淡红或紫红色，旗瓣长圆状倒卵形，先端凹，基部渐窄成宽瓣柄；子房无毛。荚果圆筒形，无毛。

- **生境**：生于山坡及沟谷。

- **分布**：石佛沟景区路旁常见分布。

锦鸡儿属 *Caragana*

Fabaceae
豆科

— 毛刺锦鸡儿 —
Caragana tibetica

- **描述**：垫状矮灌木。密丛生，常呈垫状。羽状复叶有小叶3～4对；托叶卵形或近圆形，膜质；叶轴密生，全部硬化成针刺状，宿存，淡褐色；小叶线形，先端尖，有刺尖，基部窄，两面密被银白色伏贴长柔毛。花单生，近无梗；花萼管状；花冠黄色，旗瓣倒卵形，翼瓣瓣柄与瓣片近等长，龙骨瓣瓣柄稍长于瓣片，耳均短小，齿状；子房密被柔毛。荚果椭圆形，外面密被柔毛，里面密被绒毛。

- **生境**：生于干山坡、沙地。

- **分布**：石佛沟景区零星分布。

127

兴隆山常见植物图谱

□ 岩黄耆属 *Hedysarum*

— 红花岩黄耆 —
Hedysarum multijugum

描述：半灌木或仅基部木质化而呈草本状。茎直立，多分枝。托叶卵状披针形，棕褐色干膜质，基部合生；小叶通常15～29枚；小叶片阔卵形、卵圆形，顶端钝圆或微凹，基部圆形或圆楔形。总状花序腋生；花9～25朵，疏散排列，果期下垂，苞片钻状；萼斜钟状，萼齿钻状或锐尖，通常上萼齿间分裂深达萼筒中部以下；花冠紫红色或玫瑰状红色，旗瓣倒阔卵形，先端圆形，微凹，翼瓣线形，龙骨瓣稍短于旗瓣；子房线形。荚果通常2～3节，节荚椭圆形或半圆形，边缘具较多的刺。

生境：多生于荒漠地区的砾石质洪积扇、河滩，砾石质山坡。

分布：石佛沟景区路旁常见分布。

□ 岩黄耆属 *Hedysarum*

— 多序岩黄耆 —
Hedysarum polybotrys

- 描述：多年生草本。茎直立，丛生，多分枝。托叶披针形，合生至上部；小叶11～19枚，卵状披针形或卵状长圆形，上面无毛，下面被贴伏柔毛。总状花序腋生；花多数；苞片钻状披针形，常早落；花萼斜宽钟状，被短柔毛，萼齿三角状钻形，与萼筒近等长，齿间呈宽的微凹；花冠淡黄色，旗瓣倒长卵形，先端圆或微凹，翼瓣瓣柄与耳近等长，龙骨瓣前下角呈钝角弯曲。荚果具2～4节，被短柔毛，节荚近圆形或宽卵形，具明显网纹和窄翅。

- 生境：生于山地石质山坡和灌丛、林缘。

- 分布：石佛沟景区路旁零星分布。

129

□ 山黧豆属 *Lathyrus*

兴隆山 常见植物图谱

— 牧地山黧豆 —

Lathyrus pratensis

● 描述：多年生草本。茎斜升、平卧或攀缘。叶具1对小叶，叶轴末端的卷须单一或分枝；托叶箭形，基部两侧不对称；小叶椭圆形、披针形或线状披针形，先端渐尖，基部宽楔形或近圆，具平行脉。总状花序腋生，长于叶数倍，具5～12朵花；花萼钟状，最下1萼齿长于萼筒；花冠黄色，旗瓣瓣片近圆形，下部变窄为瓣柄，翼瓣瓣片近倒卵形，基部具耳及线形瓣柄，龙骨瓣瓣片近半月形，基部具耳及线形瓣柄。荚果线形。

● 生境：生于海拔1000～3000米的山坡草地、疏林下、路旁阴处。

● 分布：石佛沟景区草地零星分布。

— 胡枝子 —

Lespedeza bicolor

描述：灌木。小枝疏被短毛。叶具3枚小叶；小叶草质，卵形、倒卵形或卵状长圆形，先端圆钝或微凹，具短刺尖，基部近圆或宽楔形。总状花序比叶长，常构成大型、较疏散的圆锥花序；花萼5浅裂，裂片常短于萼筒；花冠红紫色，旗瓣倒卵形，翼瓣近长圆形，具耳和瓣柄，龙骨瓣与旗瓣近等长，基部具长瓣柄。荚果斜倒卵形，稍扁，具网纹，密被短柔毛。

生境：生于海拔150～1000米的山坡、林缘、路旁、灌丛及杂木林间。

分布：石佛沟景区林下零星分布。

131

兴隆山 常见植物图谱

胡枝子属 *Lespedeza*

— 兴安胡枝子 —
Lespedeza davurica

兴
隆
山
常见植物图谱

描述：小灌木。枝有短柔毛。小叶3枚，顶生小叶披针状矩形，先端圆钝，有短尖，基部圆形，上面无毛，下面密生短柔毛；托叶条形。总状花序腋生，短于叶，花梗无关节；无瓣花簇生于下部枝条之叶腋，小苞片条形；花萼浅杯状，萼齿5枚，披针形；花冠黄绿色，旗瓣矩圆形，翼瓣较短，龙骨瓣长于翼瓣；子房有毛。荚果倒卵状矩形，有白色柔毛。

生境：生于山坡、草地、路旁及沙质地上。

分布：兴安山及周边地区常见分布。

苜蓿属 *Medicago*

— 青海苜蓿 —

Medicago archiducis-nicolai

描述： 多年生草本。茎具棱，多分枝。羽状三出复叶；托叶戟形，先端尖三角形，具尖齿；小叶阔卵形至圆形，纸质，先端截平或微凹，基部圆钝，边缘具不整齐尖齿；顶生小叶较大。花序伞形，具花4～5朵；苞片刺毛状；萼钟形，被柔毛，萼齿三角形，锥尖，与萼筒近等长；花冠橙黄色，中央带紫红色晕纹，旗瓣倒卵状椭圆形，先端微凹，龙骨瓣长圆形；子房线形。荚果长圆状半圆形，扁平，先端具短尖喙。

生境： 生于高原坡地、谷地和草原。

分布： 兴隆山及周边地区常见分布。

□ 苜蓿属 *Medicago*

— 花苜蓿 —
Medicago ruthenica

● 描述：多年生草本。茎直立或上升，四棱形，基部分枝，丛生。羽状三出复叶；托叶披针形，锥尖，耳状，具1～3枚浅齿；小叶倒披针形、楔形或线形，边缘1/4以上具尖齿；顶生小叶稍大。花序伞形，腋生，具6～9朵密生的花；苞片刺毛状；花萼钟形；花冠黄褐色，中央有深红或紫色条纹。荚果长圆形或卵状长圆形，扁平，顶端具短喙，基部窄尖并稍弯曲，腹缝有时具流苏状窄翅。

● 生境：生于草原、砂地、河岸及砂砾质土壤的山坡旷野。

● 分布：石佛沟景区路旁有分布。

兴隆山 常见植物图谱

□ 草木樨属 *Melilotus*

— 白花草木樨 —

Melilotus albus

描述：一、二年生草本。茎直立，圆柱形，多分枝。羽状三出
复叶；托叶尖刺状锥形，全缘，稀具1枚细齿；小叶长圆
形或倒披针状长圆形，平行直达叶缘齿尖，在两面均不隆
起，边缘具不明显的锯齿，顶生小叶稍大。总状花序腋
生，具40～100朵花，排列疏松；苞片线形；花萼钟形，
萼齿三角状披针形；花冠白色，旗瓣椭圆形，龙骨瓣与翼
瓣等长或稍短。荚果椭圆形或长圆形，具尖喙，老熟后变
黑褐色。

生境：生于田边、路旁荒地及湿润的砂地。

分布：兴隆山及周边地区常见分布。

□ **草木樨属** *Melilotus*

— **草木樨** —

Melilotus officinalis

描述：二年生草本。茎直立，粗壮，多分枝。羽状三出复叶；托叶镰状线形，全缘或基部有1枚尖齿；小叶倒卵形、阔卵形、倒披针形至线形，先端钝圆或截形，基部阔楔形，边缘具不整齐疏浅齿，顶生小叶稍大。总状花序腋生，具花30~70朵，初时稠密，花开后渐疏松，花序轴在花期中显著伸展；苞片刺毛状；萼钟形，萼齿三角状披针形，稍不等长；花冠黄色，旗瓣倒卵形，龙骨瓣稍短或三者均近等长。荚果卵形，长3~5毫米，先端具宿存花柱。

生境：生于山坡、河岸、路旁、砂质草地及林缘。

分布：兴隆山及周边地区常见分布。

兴隆山常见植物图谱

□ 棘豆属 *Oxytropis*

— 二色棘豆 —
Oxytropis bicolor

描述：多年生草本。茎缩短，植株密被开展白色绢状长柔毛。奇数羽状复叶小叶7~17轮（对），对生或4片轮生，线形、线状披针形或披针形，先端急尖，边缘常反卷，两面密被绢状长柔毛；托叶膜质，卵状披针形。10~15花组成或疏或密的总状花序；苞片披针形；花萼筒状，密被长柔毛，萼齿线状披针形；花冠紫红或蓝紫色，旗瓣菱状卵形，先端圆或微凹，翼瓣长圆形，先端斜宽；子房被白色长柔毛或无毛。荚果近革质，卵状长圆形，膨胀，腹背稍扁。

生境：生于海拔180~2500米的山坡、砂地、路旁及荒地。

分布：兴隆山景区、石佛沟景区路旁、山坡常见分布。

□ 棘豆属 *Oxytropis*

— 华西棘豆 —
Oxytropis giraldii

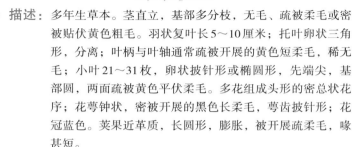

- **描述**：多年生草本。茎直立，基部多分枝，无毛、疏被柔毛或密被贴伏黄色粗毛。羽状复叶长5～10厘米；托叶卵状三角形，分离；叶柄与叶轴通常疏被开展的黄色短柔毛，稀无毛；小叶21～31枚，卵状披针形或椭圆形，先端尖，基部圆，两面疏被黄色平伏柔毛。多花组成头形的密总状花序；花萼钟状，密被开展的黑色长柔毛，萼齿披针形；花冠蓝色。荚果近革质，长圆形，膨胀，被开展疏柔毛，喙甚短。

- **生境**：生于海拔2100～3600米的荒地、沟谷林、云杉林间空地及山坡草地。

- **分布**：马啣山周边地区常见分布。

兴隆山常见植物图谱

□ 棘豆属 *Oxytropis*

— 甘肃棘豆 —

Oxytropis kansuensis

描述：多年生草本。茎直立，疏被黑糙伏毛。奇数羽状复叶；小叶17～29枚，卵状长圆形或披针形；托叶草质，卵状披针形，与叶柄合生至中部，疏被毛。多花组成头形总状花序；花序梗疏被短柔毛，下部密被卷曲黑色柔毛；苞片膜质，线形；花萼筒状，密被贴伏长柔毛，萼齿线形，较萼筒短或等长；花冠黄色。荚果纸质，长圆形或长圆状卵形，膨胀，密被贴伏黑色短柔毛。

生境：生于海拔3300～5300米的干燥草原及山坡草地。

分布：兴隆山及周边地区广泛分布。

⊓ 棘豆属 *Oxytropis*

— 宽苞棘豆 —
Oxytropis latibracteata

兴隆山常见植物图谱

● **描述**：多年生草本。茎缩短，多分枝。奇数羽状复叶小叶15～23
枚，对生或互生，椭圆形、长卵形或披针形；托叶膜质，
卵形或宽披针形，被开展长柔毛。5～9朵花组成头形或长
总状花序；花序梗较叶长或与叶等长，苞片椭圆形；花萼
筒状，萼齿锥状三角形；花冠紫、蓝、蓝紫或淡蓝色，旗
瓣瓣片长椭圆形，翼瓣瓣片两侧不等的倒三角形，先端斜
截而微凹，耳短。荚果革质。

● **生境**：生于山前洪积滩地、河漫滩、干旱山坡、亚高山灌丛草甸
和杂草草甸。

● **分布**：马啣山周边地区常见分布。

□ **棘豆属** *Oxytropis*

— 糙荚棘豆 —
Oxytropis muricata

描述：多年生草本。茎缩短，丛生。轮生羽状复叶；托叶草质，坚硬，宽披针形，于中部与叶柄贴生，彼此分离，被白色长柔毛和黄色腺点；小叶15～18轮，每轮常4片，线形、披针形或长圆形，先端尖，基部圆形，两面疏被黄色腺点。头形总状花序，有时伸长；花莛直立，有沟，被长柔毛和腺点；苞片宽披针形，先端尖，密被黄色腺点；花萼筒状，萼齿三角形；花冠淡黄白色，旗瓣广椭圆状披针形，翼瓣先端圆形，背部隆起。荚果革质，略呈圆柱状，略弯曲，密被粗糙的腺点。

生境：生于山坡。

分布：马啣山周边地区零星分布。

□— 棘豆属 *Oxytropis*

— 多叶棘豆 —

Oxytropis myriophylla

描述： 多年生草本。茎缩短，丛生。羽状复叶轮生，小叶12～16
轮，每轮4～8枚，线形、长圆形或披针形，先端渐尖，
基部圆，两面密被长柔毛；托叶膜质，卵状披针形。多花
组成紧密或较疏松的总状花序；苞片披针形，被长柔毛；
花萼筒状，被长柔毛，萼齿披针形；花冠淡红紫色，旗瓣
长椭圆形，先端圆或微凹，基部下延成瓣柄，翼瓣先端急
尖；子房线形，被毛。荚果披针状椭圆形，革质，密被长
柔毛。

生境： 生于砂地、平坦草原、轻度盐渍化沙地、石质山坡处。

分布： 兴隆山、马啣山周边地区常见分布。

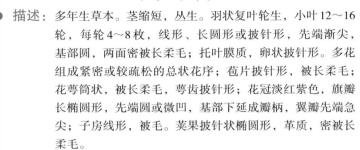

— **黄毛棘豆** —

Oxytropis ochrantha

描述：多年生草本。茎极缩短，多分枝，被丝状黄色长柔毛。轮生羽状复叶；托叶膜质，宽卵形，于中下部与叶柄贴生；小叶13～19片，对生或4片轮生，卵形、长椭圆形、披针形或线形。多花组成密集圆筒形总状花序；花莛坚挺圆柱状，密被黄色长柔毛；苞片披针形；花萼坚硬，萼齿披针状线形；花冠白色或淡黄色，旗瓣倒卵状长椭圆形，翼瓣匙状长椭圆形，龙骨瓣近矩形，喙锥形；子房密被黄色长柔毛，花柱无毛。荚果膜质，卵形，膨胀成囊状而略扁。

生境：生于海拔1500～2700米的山坡草地或林下。

分布：石佛沟景区草地常见分布。

棘豆属 *Oxytropis*

— 黄花棘豆 —

Oxytropis ochrocephala

描述：多年生草本。茎粗壮，直立，被白色短柔毛和黄色长柔毛。奇数羽状复叶；托叶草质，卵形，基部与叶柄合生，分离部分三角形，密被长柔毛；叶柄与小叶间有淡褐色腺点，密被黄色长柔毛；小叶 17～21 枚，草质，卵状披针形，两面疏被白和黄色短柔毛。多花组成密总状花序；苞片线状披针形，密被柔毛；花萼膜质，筒状（果期膨大呈囊状），萼齿线状披针形，果期膨大呈囊状；花冠黄色。荚果革质，长圆形。

生境：多生于田埂、荒山、平原草地、林下、林间空地或山坡草地。

分布：兴隆山、马啣山及周边地区广泛分布。

兴隆山 常见植物图谱

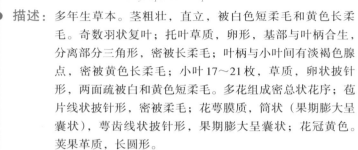

棘豆属 *Oxytropis*

— 兴隆山棘豆 —
Oxytropis xinglongshanica

描述：多年生草本。茎直立，具沟，疏被贴伏白色柔毛，并杂生黑色柔毛。羽状复叶小叶19～25枚，卵形、长圆形或披针形，先端急尖，基部圆形或宽楔形，两面疏被贴伏短柔毛；托叶卵状披针形，于中部合生，密被白色长柔毛。多花组成稀疏的总状花序；总花梗具条纹；苞片草质，线形或狭卵形，先端渐尖；花萼筒状钟形，萼齿线形，花冠紫色或蓝紫色，旗瓣瓣片长卵形，先端微缺；翼瓣瓣片近长方形，先端斜微凹，子房线形，无毛或微被柔毛。荚果近革质，长圆形，淡黄褐色，膨胀。

生境：生于海拔1800～2600米的山坡。

分布：兴隆山有分布。

□ **野决明属** *Thermopsis*

— 高山野决明 —
Thermopsis alpina

兴隆山 常见植物图谱

● **描述**: 多年生草本。茎直立。托叶卵形或阔披针形，先端锐尖，基部楔形或近钝圆；小叶线状倒卵形至卵形，先端渐尖，基部楔形。总状花序顶生，具花2～3轮，2～3朵花轮生；苞片与托叶同型；萼钟形，背侧稍呈囊状隆起，上方2枚齿合生，齿三角形，下方萼齿三角状披针形；花冠黄色，花瓣均具长瓣柄，旗瓣先端凹缺，翼瓣与旗瓣几等长，龙骨瓣与翼瓣近等宽。荚果长圆状卵形，先端骤尖至长喙，扁平，亮棕色，被白色伸展长柔毛。

● **生境**: 生于海拔2400～4800米的高山苔原、砾质荒漠、草原和河滩砂地。

● **分布**: 石佛沟景区砾石山坡有分布。

— 披针叶野决明 —
Thermopsis lanceolata

描述：多年生草本。茎直立，分枝或单一，被黄白色贴伏或伸展柔毛。3枚小叶；托叶叶状，卵状披针形，先端渐尖，基部楔形；小叶狭长圆形、倒披针形，上面通常无毛，下面多少被贴伏柔毛。总状花序顶生，具花2～6轮，排列疏松；苞片线状卵形或卵形，先端渐尖，宿存；萼钟形，背部稍呈囊状隆起，上方2枚齿连合，三角形，下方萼齿披针形；花冠黄色，旗瓣近圆形，先端微凹，翼瓣先端有狭窄头。荚果线形，先端具尖喙，被细柔毛，黄褐色。

生境：多生于草原沙丘、河岸和砾滩。

分布：兴隆山及周边地区常见分布。

兴隆山 常见植物图谱

□ 高山豆属 *Tibetia*

— 高山豆 —

Tibetia himalaica

描述： 多年生草本。叶长2～7厘米，叶柄被稀疏长柔毛；托叶大，卵形；小叶9～13枚，圆形至椭圆形、宽倒卵形至卵形，顶端微缺至深缺，被贴伏长柔毛。伞形花序具1～3朵花，稀4朵；总花梗与叶等长或较叶长；苞片长三角形；花萼钟状，上2枚萼齿较大，下3枚萼齿较狭而短；花冠深蓝紫色；旗瓣卵状扁圆形，顶端微缺至深缺；翼瓣宽楔形具斜截头，线形；龙骨瓣近长方形；花柱折曲成直角。荚果圆筒形或有时稍扁，被稀疏柔毛或近无毛。

生境： 生于海拔3000～5000米的山地、草地。

分布： 马啣山及周边地区常见分布。

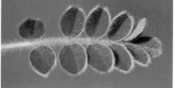

□ 野豌豆属 *Vicia*

— 广布野豌豆 —
Vicia cracca

描述： 多年生草本。茎攀援或蔓生，有棱，被柔毛。偶数羽状复叶，叶轴顶端卷须2～3个分支；托叶半箭头形或戟形，上部2深裂；小叶5～12对，互生，线形、长圆形或线状披针形，全缘，叶脉稀疏，呈基生三出脉。总状花序与叶轴近等长；花10～40朵密集；花萼钟状，萼齿5枚；花冠紫、蓝紫或紫红色；花柱弯曲与子房呈大于90°夹角，上部四周被毛。荚果长圆形或长圆菱形，顶端有喙。

生境： 生于草甸、林缘、山坡、河滩草地及灌丛。

分布： 兴隆山及周边地区路旁广泛分布。

□─ **野豌豆属** *Vicia*

— 多叶野豌豆 —
Vicia multijuga

- **描述：** 多年生草本。茎纤细，具棱，无毛。偶数羽状复叶，叶轴末端有卷须；托叶披针形或椭圆形；小叶8～10枚，狭长圆形，先端钝，微凹，基部圆形，无毛。总状花序短于叶，常具花4朵，密集于花序轴顶端；苞片早落；花萼钟状，萼齿三角形或近披针形，最上面的2齿略短；花冠蓝紫色；旗瓣提琴形，先端微凹，中部缢缩，基部宽楔形；翼瓣与旗瓣近等长，龙骨瓣略短于翼瓣。荚果长圆形，无毛。

- **生境：** 生于海拔2500米左右的山顶草地。

- **分布：** 兴隆山景区、石佛沟景区零星分布。

□ **野豌豆属** *Vicia*

— 歪头菜 —
Vicia unijuga

描述：多年生草本。通常数茎丛生，具棱，疏被柔毛。叶轴末端为细刺尖头，偶见卷须；托叶戟形或近披针形，边缘有不规则啮蚀状；小叶一对，卵状披针形或近菱形，先端渐尖，边缘具小齿状，基部楔形。总状花序单一稀有分支呈圆锥状复总状花序；花8～20朵一面向密集于花序轴上部；花萼紫色，斜钟状或钟状；花冠蓝紫色、紫红色或淡蓝色；子房线形。荚果扁、长圆形，无毛，两端渐尖，先端具喙，成熟时腹背开裂，果瓣扭曲。

生境：生于低海拔约4000米的山地、林缘、草地、沟边及灌丛。

分布：兴隆山景区路旁常见分布。

兴隆山 常见植物图谱

远志属 *Polygala*

— 西伯利亚远志 —
Polygala sibirica

描述：多年生草本。叶互生，下部叶小卵形，先端钝，上部者大，披针形或椭圆状披针形，先端钝，具骨质短尖头，基部楔形，全缘，略反卷，绿色。总状花序腋外生或假顶生，具少数花；花具3枚小苞片，钻状披针形；萼片5枚，宿存，外面3枚披针形，里面2枚花瓣状，近镰刀形，先端具突尖，基部具爪；花瓣3枚，蓝紫色，侧瓣倒卵形，先端圆形，微凹，龙骨瓣具流苏状鸡冠状附属物；雄蕊8枚；花柱肥厚，顶端弯曲，柱头2枚，间隔排列。蒴果近倒心形。

生境：生于砂质土、石砾和石灰岩山地灌丛、林缘或草地。

分布：兴隆山及周边地区广泛分布。

□ 龙芽草属 *Agrimonia*

— 龙芽草 —
Agrimonia pilosa

描述： 多年生草本。叶为间断奇数羽状复叶，常有3~4对小叶，杂有小型小叶；小叶倒卵形至倒卵状披针形，具锯齿。穗状总状花序，花瓣黄色，长圆形；雄蕊5至多枚，花柱2枚。瘦果倒卵状圆锥形，顶端有数层钩刺。

生境： 多生于海拔100~3800米的溪边、路旁、草地、灌丛、林缘及疏林下。

分布： 兴隆山及周边地区常见分布。

兴隆山

常见植物图谱

□ **杏属** *Armeniaca*

—杏—
Armeniaca vulgaris

● 描述：乔木。树皮灰褐色，纵裂。叶片宽卵形或圆卵形，先端急尖至短渐尖，基部圆形至近心形，叶边有圆钝锯齿；叶柄基部常具1～6腺体。花单生，先于叶开放；花萼紫绿色；萼筒圆筒形；萼片卵形至卵状长圆形，花后反折；花瓣圆形至倒卵形，白色或带红色，具短爪；雄蕊20～45枚，稍短于花瓣；花柱稍长或几与雄蕊等长。果实球形，白色、黄色至黄红色，常具红晕，微被短柔毛。

● 生境：生于山坡、沟壑，亦有栽培。

● 分布：兴隆山及周边地区有分布。

— 刺毛樱桃 —

Cerasus setulosa

- **描述：** 灌木或小乔木。叶片卵形、倒卵形或卵状椭圆形，先端尾状渐尖或骤尖，基部圆形，边有圆钝重锯齿，上面绿色，下面浅绿色，侧脉6～8对；托叶卵状长圆形或倒卵状披针形，边有腺齿。花序伞形，有花2～3朵，花叶同开；总苞褐色，匙形，早落；苞片2～3片，叶状，卵圆形，边有锯齿，齿端有腺体；萼片开展，三角状长卵形，先端急尖，边有疏齿；花瓣倒卵形或近圆形，粉红色；雄蕊30～40枚；花柱比雄蕊略长或与雄蕊近等长。核果红色，卵状椭球形。

- **生境：** 生于海拔1300～2600米的山坡、山谷林中或灌木丛中。

- **分布：** 石佛沟景区栈道旁有分布。

兴隆山 常见植物图谱

□ 樱属 *Cerasus*

— 毛樱桃 —
Cerasus tomentosa

● 描述： 灌木。叶卵状椭圆形或倒卵状椭圆形，有急尖或粗锐锯齿，侧脉4～7对；托叶线形，被长柔毛。花单生或2朵簇生，常花叶同放；萼筒管状或杯状，外被柔毛或无毛，萼片三角状卵形，内外被柔毛或无毛；花瓣白或粉红色，倒卵形；雄蕊短于花瓣；花柱伸出与雄蕊近等长或稍长；子房被毛或仅顶端或基部被毛。核果近球形，熟时红色；核棱脊两侧有纵沟。

● 生境： 生于海拔100～3200米的山坡林、林缘、灌丛或草地。

● 分布： 石佛沟景区常见分布。

□ 栒子属 *Cotoneaster*

— 灰栒子 —

Cotoneaster acutifolius

描述： 落叶灌木。叶片椭圆卵形至长圆卵形，先端急尖，稀渐尖，基部宽楔形，全缘；托叶线状披针形，脱落。花2～5朵成聚伞花序，总花梗和花梗被长柔毛；苞片线状披针形，微具柔毛；萼筒钟状或短筒状；萼片三角形，先端急尖或稍钝；花瓣直立，宽倒卵形或长圆形，先端圆钝，白色外带红晕；雄蕊10～15枚，比花瓣短；花柱通常2枚。果实椭圆形稀倒卵形，黑色。

生境： 生于海拔1400～3700米的山坡、山麓、山沟及丛林中。

分布： 兴隆山景区路旁常见分布。

□— 山楂属 *Crataegus*

— 甘肃山楂 —

Crataegus kansuensis

● 描述：灌木或小乔木。多枝刺。叶宽卵形，先端尖，基部平截或宽楔形，有尖锐重锯齿和5～7对不规则羽状浅裂片，裂片三角卵形；托叶膜质，卵状披针形，早落。伞房花序具8～18朵花；苞片和小苞片膜质，披针形；被丝托钟状，萼片三角状卵形，全缘，无毛；花瓣近圆形，白色；雄蕊15～20枚；花柱2～3枚，柱头头状。果近球形，红或橘黄色，萼片宿存。

● 生境：生于海拔1000～3000米的杂木林中、山坡阴处及山沟旁。

● 分布：兴隆山景区林中常见分布。

□ 草莓属 *Fragaria*

— 野草莓 —
Fragaria vesca

- 描述：多年生草本。茎被开展柔毛，稀脱落近无毛。叶为3枚小叶，稀羽状5枚小叶；小叶倒卵形、椭圆形或宽卵形，先端圆钝，顶生小叶基部楔形，侧生小叶基部楔形，具缺刻状锯齿，上面疏被短柔毛，下面被短柔毛，沿中脉较密，或有时脱落近无毛。聚伞状花序，有2～4朵花，基部具有柄小叶或为淡绿色钻形苞片，花梗被紧贴柔毛；萼片卵状披针形；副萼片窄披针形或钻形；花瓣白色；雄蕊20枚，雌蕊多数。聚合果卵圆形，熟时红色；宿萼水平开展。

- 生境：生于山坡、草地、林下。

- 分布：兴隆山景区路边广泛分布。

□ **路边青属** *Geum*

— 路边青 —

Geum aleppicum

● **描述：** 多年生草本。基生叶为大头羽状复叶，小叶2～6对，茎
生叶羽状复叶，有时重复分裂，具不规则粗大锯齿。花序
顶生，疏散排列，花瓣黄色，近圆形，萼片卵状三角形，
副萼片披针形，先端渐尖；花柱顶生，3/4宿存。聚合果
倒卵状球形，瘦果被长硬毛，宿存花柱顶端有小钩；果托
被短硬毛。

● **生境：** 生于山坡草地、沟边、地边、河滩、林间隙地及林缘。

● **分布：** 兴隆山景区路边有分布。

□ 委陵菜属 *Potentilla*

— 蕨麻 —

Potentilla anserina

描述：多年生草本。茎匍匐，在节处生根。基生叶为间断羽状复叶，有小叶6～11对；小叶对生或互生；小叶片通常椭圆形、倒卵椭圆形或长椭圆形，顶端圆钝，基部楔形或阔楔形，边缘有多数尖锐锯齿或呈裂片状，下面密被紧贴银白色绢毛，茎生叶与基生叶相似，唯小叶对数较少；基生叶和下部茎生叶托叶膜质，上部茎生叶托叶草质，多分裂。单花腋生；萼片三角卵形，顶端急尖或渐尖，副萼片椭圆形或椭圆披针形，常2～3裂稀不裂；花瓣黄色，倒卵形、顶端圆形。

生境：生于海拔500～4100米的河岸、路边、山坡草地及草甸。

分布：兴隆山及周边地区广泛分布。

兴隆山 常见植物图谱

□ 委陵菜属 *Potentilla*

— 二裂委陵菜 —

Potentilla bifurca

描述： 多年生草本或亚灌木。花茎直立或上升；基生叶羽状复叶，有5～8对小叶，最上面2～3对小叶基部下延与叶轴贴合，小叶对生，稀互生，椭圆形或倒卵状椭圆形，先端2～3裂，基部楔形或宽楔形，下部叶的托叶膜质；上部茎生叶的托叶草质，有齿或全缘。近伞形状聚伞花序，顶生；萼片卵形，先端渐尖，副萼片椭圆形，先端急尖或钝；花瓣黄色，倒卵形。

生境： 多生于道旁、山坡草地、黄土坡上、半干旱荒漠草原及疏林下。

分布： 兴隆山及周边地区广泛分布。

□ **委陵菜属** *Potentilla*

— 金露梅 —
Potentilla fruticosa

描述：灌木。羽状复叶，有小叶2对，稀3小叶，上面一对小叶基部下延与叶轴汇合；叶柄被绢毛或疏柔毛；小叶片长圆形、倒卵长圆形或卵状披针形，全缘，边缘平坦，顶端急尖或圆钝，基部楔形，两面绿色，疏被绢毛或柔毛，或脱落近于无毛；托叶薄膜质，宽大，外面被长柔毛或脱落。单花或数朵生于枝顶；萼片卵圆形，顶端急尖至短渐尖，副萼片披针形至倒卵状披针形，顶端渐尖至急尖；花瓣黄色，宽倒卵形，顶端圆钝，比萼片长。

生境：生于海拔1000～4000米的山坡草地、砾石坡、灌丛及林缘。

分布：兴隆山及周边地区广泛分布。

委陵菜属 *Potentilla*

— 银露梅 —

Potentilla glabra

描述：灌木。羽状复叶，有小叶2对，稀3枚小叶，上面1对小叶基部下延与轴汇合，叶柄被疏柔毛；小叶片椭圆形、倒卵椭圆形或卵状椭圆形，顶端圆钝或急尖，基部楔形或几圆形，边缘平坦或微向下反卷，全缘，两面绿色。顶生单花或数朵，花梗被疏柔毛；萼片卵形，急尖或短渐尖，副萼片披针形、倒卵披针形或卵形，外面被疏柔毛；花瓣白色，倒卵形，顶端圆钝。瘦果表面被毛。

生境：生于海拔1400～4200米的山坡草地、河谷岩石缝中、灌丛及林中。

分布：兴隆山及周边地区广泛分布。

□ 委陵菜属 *Potentilla*

— 多茎委陵菜 —
Potentilla multicaulis

● **描述**：多年生草本。花茎多而密集丛生，上升或铺散，常带暗红色。基生叶为羽状复叶，有小叶4~6对，稀8对，叶柄暗红色，小叶片对生稀互生，椭圆形至倒卵形，边缘羽状深裂，裂片排列较为整齐，顶端舌状，边缘平坦，或略反卷，茎生叶小叶对数较基生叶少；茎生叶托叶草质，绿色，全缘，卵形，顶端渐尖。聚伞花序多花；萼片三角卵形，顶端急尖，副萼片狭披针形，顶端圆钝；花瓣黄色，倒卵形或近圆形，顶端微凹。瘦果卵球形，有皱纹。

● **生境**：生于耕地边、沟谷阴处、向阳砾石山坡、草地及疏林下。

● **分布**：兴隆山及周边地区有分布。

委陵菜属 *Potentilla*

— 钉柱委陵菜 —
Potentilla saundersiana

兴隆山 常见植物图谱

- **描述**：多年生草本。花茎直立或上升，被白色绒毛及疏长柔毛。基生叶3～5枚掌状复叶，小叶长圆状倒卵形，先端圆钝或急尖，基部楔形，有多数缺刻状锯齿，下面密被白色绒毛，沿脉贴生疏柔毛；茎生叶1～2枚，小叶3～5枚，与基生叶相似；基生叶托叶膜质，褐色，茎生叶托叶草质，绿色，卵形或卵状披针形。花多数排成顶生疏散聚伞花序；萼片三角状卵形或三角状披针形，副萼片披针形；花瓣黄色，倒卵形，先端凹；花柱近顶生，基部微膨大，柱头略扩大。

- **生境**：生于山坡草地、多石山顶、高山灌丛及草甸。

- **分布**：马啣山及周边地区常见分布。

□ 蔷薇属 *Rosa*

— 西北蔷薇 —

Rosa davidii

描述：灌木。刺直立或弯曲，通常扁而基部膨大。小叶7～9枚，卵状长圆形或椭圆形，有尖锐单锯齿，近基部全缘；密被短柔毛或散生柔毛，小叶柄和叶轴有短柔毛、腺毛和稀疏小皮刺，托叶大部贴生叶柄，离生部分卵形。伞房状花序；有大形苞片，苞片卵形或披针形；萼片卵形，先端叶状，全缘；花瓣深粉色，宽倒卵形；花柱离生，外伸，比雄蕊短或近等长。蔷薇果长椭圆形或长倒卵圆形，熟时深红或橘红色；宿萼直立。

生境：生于海拔1500～2600米的山坡灌木丛中或林边。

分布：兴隆山景区、石佛沟景区林中常见分布。

□ **蔷薇属** *Rosa*

— 黄蔷薇 —
Rosa hugonis

● **描述：** 矮小灌木。小枝皮刺扁平，常混生细密针刺。小叶5～13
枚，小叶片卵形、椭圆形或倒卵形，先端圆钝或急尖，边
缘有锐锯齿；托叶狭长，大部贴生于叶柄，离生部分极
短，呈耳状。花单生于叶腋，无苞片；萼筒、萼片外面无
毛，萼片披针形，先端渐尖，全缘，有明显的中脉，内面
有稀疏柔毛；花瓣黄色，宽倒卵形，先端微凹，基部宽楔
形；雄蕊多数，着生在坛状萼筒口的周围；花柱离生。果
实扁球形，紫红色至黑褐色，萼片宿存反折。

● **生境：** 生于海拔600～2300米的山坡向阳处、林边灌丛。

● **分布：** 石佛沟景区常见分布。

— 峨眉蔷薇 —
Rosa omeiensis

描述： 直立灌木。小枝无刺或有扁而基部膨大皮刺。小叶9～13枚，长圆形或椭圆状长圆形，有锐锯齿。花单生叶腋，萼片4枚，披针形，全缘，花瓣4枚，白色，倒三角状卵形，先端微凹；花柱离生，比雄蕊短。蔷薇果倒卵圆形或梨形，熟时亮红色，果柄肥大，宿萼直立。

生境： 多生于山坡、山脚下或灌丛中。

分布： 兴隆山、马啣山及周边地区林中常见分布。

兴隆山 常见植物图谱

□ 悬钩子属 *Rubus*

— 秀丽莓 —
Rubus amabilis

● 描述：灌木。枝具稀疏皮刺；花枝短，被柔毛和小皮刺。小叶
7～11枚，卵形或卵状披针形，下面沿叶脉具柔毛和小皮
刺，具缺刻状重锯齿，有时浅裂或3裂；托叶线状披针
形，被柔毛。花单生侧生小枝顶端，下垂；花梗被柔毛，
疏生细小皮刺，有时具稀疏腺毛；花萼绿带红色，密被柔
毛，萼片宽卵形，花果时均开展；花瓣近圆形，白色；花
丝基部稍宽，带白色；花柱无毛。果长圆形，稀椭圆形，
成熟时红色。

● 生境：生于海拔1000～3700米的山麓、沟边或山谷丛林中。

● 分布：兴隆山景区西山台阶旁有分布。

□ 悬钩子属 *Rubus*

— 紫色悬钩子 —
Rubus irritans

描述： 矮小灌木或近草本状。枝被紫红色针刺、柔毛和腺毛。小叶3枚，稀5枚，卵形或椭圆形，顶端急尖至短渐尖，基部宽楔形至近圆形，顶生小叶基部近截形，边缘有不规则粗锯齿或重锯齿；托叶线形或线状披针形，具柔毛和腺毛。花下垂，常单生或2～3朵生于枝顶；花萼带紫红色；萼筒浅杯状；萼片长卵形或卵状披针形，顶端渐尖至尾尖，花后直立；花瓣宽椭圆形或匙形，白色，具柔毛，基部有短。果实近球形，红色，被绒毛。

生境： 生于海拔2000～4500米的山坡林缘或灌丛中。

分布： 马啣山及周边地区常见分布。

□ 悬钩子属 *Rubus*

— 菰帽悬钩子 —

Rubus pileatus

描述： 攀援灌木。小枝紫红色，无毛，被白粉，疏生皮刺。小叶
5～7枚，卵形、长圆状卵形或椭圆形，两面沿叶脉有柔
毛，顶生小叶稍有浅裂片，具粗重锯齿；托叶线形或线状
披针形。伞房花序顶生，具3～5朵花，稀单花腋生；苞
片线形，无毛；花径1～2厘米；花萼无毛，紫红色，萼
片卵状披针形，先端长尾尖，边缘具绒毛，果期反折；花
瓣倒卵形，白色，基部疏生柔毛。果卵圆形，成熟时红
色，具宿存花柱，密被灰白色绒毛。

生境： 生于海拔1400～2800米的沟谷边、路旁疏林下或山谷阴
处密林下。

分布： 兴隆山景区、石佛沟景区常见分布。

□ 地榆属 *Sanguisorba*

— 地榆 —
Sanguisorba officinalis

描述：多年生草本。基生叶为羽状复叶，小叶4～6对；小叶有短柄，卵形或长圆状卵形，先端圆钝稀急尖，基部心形或浅心形，有粗大圆钝稀急尖锯齿，两面绿色；茎生叶较少，长圆形或长圆状披针形，基部微心形或圆，先端急尖；基生叶托叶膜质，褐色，茎生叶托叶草质，半卵形，有尖锐锯齿。穗状花序直立，从花序顶端向下开放，花序梗光滑或偶有稀疏腺毛；苞片膜质，披针形；萼片4枚，紫红色，椭圆形或宽卵形，背面被疏柔毛；雄蕊4枚。

生境：生于草原、草甸、山坡草地、灌丛中、疏林下。

分布：马啣山周边地区零星分布。

□ 山莓草属 *Sibbaldia*

— 伏毛山莓草 —

Sibbaldia adpressa

兴隆山 常见植物图谱

● **描述：** 多年生草本。花茎矮小，**丛生**，被绢状糙伏毛。基生叶为羽状复叶，有小叶2对，上面1对小叶基部下延与叶轴汇合，有时兼有3枚小叶，顶生小叶倒披针形或倒卵状长圆形，先端平截，有2～3枚齿，极稀全缘，基部楔形，稀宽楔形，侧生小叶全缘，披针形或长圆状披针形，先端急尖，基部楔形；茎生叶1～2枚，与基生叶相似。聚伞花序数朵，或单花顶生；花5数；萼片三角状卵形，副萼片长椭圆形；花瓣黄或白色；雄蕊10枚，与萼片等长或稍短；花柱近基生。

● **生境：** 多生于农田边、山坡草地、干旱山坡、砾石地及河滩地。

● **分布：** 兴隆山及周边地区常见分布。

□ 山莓草属 *Sibbaldia*

— 纤细山莓草 —
Sibbaldia tenuis

描述：多年生草本。花茎密被短柔毛。基生叶三出复叶，叶柄被伏生疏柔毛，小叶椭圆形或倒卵形，顶端圆钝，基部几圆形或阔楔形，边缘有缺刻状锯齿，锯齿急尖，两面绿色，无茎生叶；托叶膜质，褐色。伞房状聚伞花序多花；萼片卵状三角形，顶端渐尖，副萼片披针形，顶端渐尖至急尖；花瓣粉红色，狭窄，长圆形，顶端圆钝，与萼片近等长；雄蕊5枚，插生于花盘外，花盘宽阔，5～6裂。

生境：生于海拔2500～3600米的沟谷、灌丛草地或云杉林火烧迹地。

分布：兴隆山及周边地区有分布。

□─── 鲜卑花属 *Sibiraea*

兴隆山常见植物图谱

— **窄叶鲜卑花** —

Sibiraea angustata

描述： 灌木。叶在当年生枝条上互生，在老枝上通常丛生；叶片窄披针形、倒披针形，稀长椭圆形，先端急尖或突尖，稀渐尖，基部下延呈楔形，全缘，下面中脉明显，侧脉斜出。圆锥花序；苞片披针形，先端渐尖，全缘；萼筒浅钟状；萼片宽三角形，先端急尖，全缘；花瓣宽倒卵形，白色；雄花具雄蕊20～25枚，具3～5枚退化雌蕊；雌花具退化雄蕊，花丝极短，具雌蕊5枚，花柱稍偏斜；花盘环状，裂片10个。蓇葖果具宿存直立萼片。

生境： 生于海拔3000～4000米的山坡灌木丛或山谷砂石滩。

分布： 马啣山及周边地区常见分布。

珍珠梅属 *Sorbaria*

— 华北珍珠梅 —
Sorbaria kirilowii

描述：灌木。高达 3 米。小枝无毛。羽状复叶具小叶 13～21 枚；小叶披针形至长圆状披针形，先端渐尖，稀尾尖，有尖锐重锯齿，侧脉 15～23 对，近平行；托叶线状披针形。圆锥花序密集，无毛，微被白粉；苞片线状披针形，全缘；被丝托钟状，无毛，萼片长圆形，无毛；花瓣白色，倒卵形或宽卵形；雄蕊 20 枚；花盘圆盘状；心皮 5 枚，花柱稍短于雄蕊。蓇葖果长圆柱形，无毛，花柱稍侧生，宿存萼片反折，稀开展。

生境：生于山坡阳处、杂木林中。

分布：兴隆山景区公路旁常见分布。

兴隆山常见植物图谱

花楸属 *Sorbus*

― 陕甘花楸 ―
Sorbus koehneana

描述：灌木或小乔木。奇数羽状复叶；小叶片8～12对，长圆形至长圆披针形，先端圆钝或急尖，基部偏斜圆形，边缘每侧有尖锐锯齿10～14枚，全部有锯齿或仅基部全缘；叶轴两面微具窄翅；托叶草质，少数近于膜质，披针形，有锯齿，早落。复伞房花序多生在侧生短枝上，具多数花朵；萼筒钟状；萼片三角形，先端圆钝，外面无毛；花瓣宽卵形，先端圆钝，白色；雄蕊20枚；花柱5枚。果实球形，白色，先端具宿存闭合萼片。

生境：生于海拔2300～4000米的山区杂木林中。

分布：兴隆山景区及周边地区常见分布。

绣线菊属 *Spiraea*

— 高山绣线菊 —
Spiraea alpina

描述：灌木。叶多数簇生，线状披针形或长圆状倒卵形，先端尖，稀钝圆，全缘，两面无毛，下面具粉霜。伞形总状花序具花序梗，有3～15朵花，无毛；苞片线形；花萼无毛；萼片三角形；花瓣倒卵形或近圆形，先端钝圆或微凹，白色；雄蕊20枚；花盘环形，具10个裂片；花柱短于雄蕊。蓇葖果开张，无毛，宿存花柱近顶生，常具直立或半开张宿存萼片。

生境：生于海拔2000～4000米的向阳坡地或灌丛中。

分布：马啣山周边地区灌丛有分布。

兴隆山 常见植物图谱

□ 绣线菊属 *Spiraea*

— 蒙古绣线菊 —

Spiraea mongolica

描述：灌木。叶片长圆形或椭圆形，先端圆钝或微尖，基部楔形，全缘，稀先端有少数锯齿，上面无毛，下面色较浅，无毛稀具短柔毛。伞形总状花序具总梗，有花8～15朵；苞片线形，无毛；萼筒近钟状；萼片三角形，先端急尖；花瓣近圆形，先端钝，稀微凹，白色；雄蕊18～25枚，几与花瓣等长；花盘具有10个圆形裂片，排列成环形；花柱短于雄蕊。蓇葖果直立开张，沿腹缝线稍有短柔毛或无毛，具直立或反折萼片。

生境：生于海拔1600～3600米的山坡灌丛中、山顶及山谷多石砾地。

分布：兴隆山及周边地区零星分布。

□ 绣线菊属 *Spiraea*

— 南川绣线菊 —

Spiraea rosthornii

描述： 灌木。叶片卵状长圆形至卵状披针形，先端急尖或短渐尖，基部圆形至近截形，边缘有缺刻和重锯齿，上面绿色，被稀疏短柔毛。复伞房花序生在侧枝先端，有多数花朵；苞片卵状披针形至线状披针形，先端急尖，基部楔形，有少数锯齿，两面被短柔毛；萼筒钟状，内外两面有短柔毛；萼片三角形，先端急尖；花瓣卵形至近圆形，先端钝，白色；雄蕊20枚，长于花瓣；花盘圆环形，有10个肥厚裂片。蓇葖果开张，花柱顶生，萼片反折。

生境： 生于海拔1000～3500米的山溪沟边或山坡杂木丛林内。

分布： 石佛沟景区栈道旁常见分布。

□ **沙棘属** *Hippophae*

— **沙棘** —

Hippophae rhamnoides

描述：落叶乔木或灌木。具粗壮棘刺；枝幼时密被褐锈色鳞片。叶互生或近对生，条形至条状披针形，两端钝尖，背面密被淡白色鳞片；叶柄极短。花先叶开放，雌雄异株；短总状花序腋生于头年枝上，花小，淡黄色，花被二裂；雄花花序轴常脱落，雄蕊4枚；雌花比雄花后开放，具短梗，花被筒囊状，顶端二裂。果为肉质花被管包围，近于球形。

生境：多生于向阳山脊、谷地、干涸河床地或山坡，多砾石、沙质土壤或黄土上。

分布：石佛沟、马啣山周边地区路旁有分布。

□ **鼠李属** *Rhamnus*

— **黑桦树** —

Rhamnus maximovicziana

描述：多分枝灌木。小枝对生或近对生，枝端及分叉处常具刺。叶近革质，在长枝上对生或近对生，在短枝上端簇生，椭圆形、卵状椭圆形或宽卵形，稀匙形，先端圆钝，稀微凹，近全缘或具不明显细齿，两面无毛，侧脉2～3对；托叶窄披针形。花单性异株，常数朵至10余朵簇生短枝端，4基数；具花瓣。核果倒卵状球形或近球，萼筒宿存，红色，熟时黑色；果柄无毛。

生境：生于山坡灌丛中。

分布：石佛沟景区常见分布。

兴隆山常见植物图谱

□—— □ 榆属 *Ulmus*

— 榆树 —
Ulmus pumila

描述： 落叶乔木。冬芽内层芽鳞边缘具白色长柔毛。叶椭圆状卵形、长卵形、椭圆状披针形或卵状披针形，先端渐尖或长渐尖，基部一侧楔形或圆，一侧圆或半心形，上面无毛，下面幼时被短柔毛，后无毛或部分脉腋具簇生毛，具重锯齿或单锯齿；侧脉9～16对。花在去年生枝叶腋成簇生状。翅果近圆形，稀倒卵状圆形，仅顶端缺口柱头面被毛，余无毛；果核位于翅果中部；宿存花被无毛，4浅裂。

生境： 生于山坡、山谷、川地、丘陵及沙岗，有栽培。

分布： 兴隆山周边地区有分布。

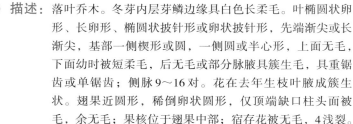

□ 冷水花属 *Pilea*

— 少花冷水花 —

Pilea pauciflora

描述： 一年生草本。茎无毛。叶同对的近等大，膜质，圆卵形或宽卵形，先端钝或尖，基部宽楔形，有3～5对钝圆齿，下部叶常全缘，有睫毛，上面疏生透明白毛，下面近无毛，基出脉3条；托叶近圆形或心形，宿存。雌雄同株并同序，稀异株；花序腋生，成簇生状或短蝎尾状；雄花花被片2枚，帽状，近先端有短角；雌花花被片3枚，中间1枚近舟形，近先端有长角，果时与果近等长，侧生2枚较中间的短约10倍，三角形。瘦果三角状卵圆形。

生境： 生于海拔2100～2800米的沼泽旁或林下阴湿处。

分布： 兴隆山景区零星分布。

兴隆山 常见植物图谱

□ 荨麻属 *Urtica*

— 狭叶荨麻 —

Urtica angustifolia

描述： 多年生草本。茎疏生刺毛和稀疏糙毛。叶披针形或披针状线形，稀窄卵形，先端长渐尖或尖，基部圆，稀浅心形，具9～19对牙齿，上面生糙伏毛和具粗密缘毛，下面沿脉疏生糙毛，基出脉3条，侧生的1对近直伸达上部齿尖，侧脉2～3对；托叶每节4枚，离生，线形。雌雄异株，花序圆锥状或近穗状；雄花花被片在近中部合生。瘦果卵圆形或宽卵圆形；宿存花被片在下部合生，内面2枚椭圆状卵形，外面2枚窄倒卵形。

生境： 生于海拔800～2200米的山地河谷溪边或台地潮湿处。

分布： 兴隆山、马㗗山及周边地区广泛分布。

荨麻属 *Urtica*

— 麻叶荨麻 —
Urtica cannabina

- **描述：** 多年生草本。茎几无刺毛。叶五角形，掌状3全裂，稀深裂，一回裂片羽状深裂，二回裂片具裂齿或浅锯齿，下面被柔毛和脉上疏生刺毛，上面密布钟乳体；托叶每节4枚，离生，线形。花雌雄同株；雄花序圆锥状，生下部叶腋；雌花序生上部叶腋，常穗状，有时在下部有少数分枝；雄花花被片合生至中部。瘦果窄卵圆形，有褐红色疣点；宿存花被片在下部1/3合生，内面2枚椭圆状卵形，先端钝圆，外面生1～4根刺毛和糙毛，外面2枚卵形或长圆状卵形，常有1根刺毛。

- **生境：** 生于丘陵性草原或坡地、沙丘坡、河滩、河谷、溪旁。

- **分布：** 兴隆山、马啣山及周边地区广泛分布。

栎属 *Quercus*

— 蒙古栎 —
Quercus mongolica

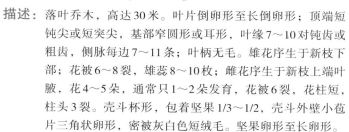

描述： 落叶乔木，高达30米。叶片倒卵形至长倒卵形；顶端短钝尖或短突尖，基部窄圆形或耳形，叶缘7～10对钝齿或粗齿，侧脉每边7～11条；叶柄无毛。雄花序生于新枝下部；花被6～8裂，雄蕊8～10枚；雌花序生于新枝上端叶腋，花4～5朵，通常只1～2朵发育，花被6裂，花柱短，柱头3裂。壳斗杯形，包着坚果1/3～1/2，壳斗外壁小苞片三角状卵形，密被灰白色短绒毛。坚果卵形至长卵形。

生境： 生于海拔200～2100米的山地。

分布： 兴隆山、石佛沟景区广泛分布。

兴隆山 常见植物图谱

— 白桦 —

Betula platyphylla

描述： 乔木。树皮灰白色，成层剥裂。叶厚纸质，三角状卵形、三角状菱形、三角形，少有菱状卵形和宽卵形，顶端锐尖、渐尖至尾状渐尖，基部截形、宽楔形或楔形，有时微心形或近圆形，边缘具重锯齿，有时具缺刻状重锯齿或单齿。果序单生，圆柱形或矩圆状圆柱形，通常下垂；果苞边缘具短纤毛，基部楔形或宽楔形，中裂片三角状卵形，顶端渐尖或钝，侧裂片卵形或近圆形。小坚果狭矩圆形、矩圆形或卵形。

生境： 生于海拔700～4200米的山坡或林中。

分布： 石佛沟景区广泛分布。

□— 榛属 *Corylus*

— 毛榛 —
Corylus mandshurica

兴隆山 常见植物图谱

描述：灌木。树皮暗灰色或灰褐色。叶宽卵形、矩圆形或倒卵状矩圆形，顶端骤尖或尾状，基部心形，边缘具不规则的粗锯齿，中部以上具浅裂或缺刻，侧脉约7对；叶柄细瘦，疏被长柔毛及短柔毛。雄花序2～4枚排成总状；苞鳞密被白色短柔毛；果单生或2～6枚簇生；果苞管状，在坚果上部缢缩，较果长2～3倍，外面密被黄色刚毛兼有白色短柔毛，上部浅裂，裂片披针形。坚果几球形，顶端具小突尖，外面密被白色绒毛。

生境：生于海拔400～1500米的山坡灌丛中或林下。

分布：兴隆山景区常见分布。

虎榛子属 *Ostryopsis*

虎榛子

Ostryopsis davidiana

描述： 灌木。高达3米；小枝密被柔毛。叶卵形或椭圆状卵形，
稀宽卵形或宽倒卵形，先端渐尖或尖，基部心形或近圆，
下面密被白色柔毛，脉腋具髯毛，被黄褐色树脂腺点，具
重锯齿，中部以上浅裂；叶柄密被柔毛。雄花序单生；苞
片被柔毛；雌花序顶生，为总状或头状；序梗密被柔毛及
稀疏粗毛；苞片管状，密被柔毛；小坚果褐色，卵球形或
近球形，疏被柔毛，具纵肋。

生境： 生于海拔800～2400米的山坡，也见于杂木林及油松
林下。

分布： 兴隆山景区常见分布。

兴隆山 常见植物图谱

□ 赤瓟属 *Thladiantha*

— 赤瓟 —
Thladiantha dubia

描述： 攀援草质藤本。全株被黄白色长柔毛状硬毛；茎稍粗。叶宽卵状心形；卷须单一。雄花单生或聚生短枝上端成假总状花序，有时2～3朵花生于花序梗上；花萼裂片披针形，外折；花冠黄色，裂片长圆形，上部外折；雌花单生；子房密被淡黄色长柔毛。果实卵状长圆形，顶端有残留的柱基，表面橙黄色或红棕色，有光泽，被柔毛，具10条明显的纵纹。

生境： 多生于海拔300～1800米的山坡、河谷及林缘湿处。

分布： 兴隆山景区西山入口处有分布。

卫矛属 *Euonymus*

冷地卫矛

Euonymus frigidus

描述： 落叶灌木。叶厚纸质，椭圆形或长方窄倒卵形，先端急尖或钝，有时呈尖尾状，基部多为阔楔形或楔形，边缘有较硬锯齿，侧脉6～10对，在两面均较明显。聚伞花序松散；花序梗长而细弱，顶端具3～5次分枝；花紫绿色；萼片近圆形；花瓣阔卵形或近圆形；花盘微4裂，雄蕊着生裂片上；子房无花柱。蒴果具4翅，常微下垂。

生境： 生于海拔1100～3000米的山间林中。

分布： 兴隆山景区常见分布。

□ 卫矛属 *Euonymus*

─ 中亚卫矛 ─
Euonymus semenovii

兴隆山 常见植物图谱

描述：小灌木。枝具4条栓棱或窄翅。叶对生，卵状披针形、窄卵形或线形，先端渐窄，基部圆或楔形，边缘具细密浅锯齿，侧脉7～10对，密集。聚伞花序多具2次分枝，常7朵花；花序梗分枝长；花4数，紫棕色；雄蕊无花丝，生于花盘四角的突起处；子房无花柱，柱头微4裂呈中央十字沟状。蒴果倒心形，4浅裂，基部骤窄缩成短柄状，顶端浅心形。

生境：生于海拔2000米以下的山地阴处林下或灌木丛中。

分布：兴隆山景区、石佛沟景区栈道旁有分布。

□ **梅花草属** *Parnassia*

— **细叉梅花草** —

Parnassia oreophila

描述：多年生小草本。基生叶2～8枚，叶片卵状长圆形或三角状卵形，先端圆，有时带短尖头，基部常截形或微心形，有时下延于叶柄，全缘，有3～5条明显突起之脉；茎（1～）2～9条或更多，在中部或中部以下具1枚叶（苞叶），茎生叶卵状长圆形，先端急尖，无柄半抱茎。花单生于茎顶；萼筒钟状；萼片披针形，具明显3脉；花瓣白色，宽匙形或倒卵长圆形，先端圆，基部渐窄成爪，有5条紫褐色之脉；雄蕊5枚；退化雄蕊5枚，先端3深裂；柱头3裂。蒴果长卵球形。

生境：生于高山草地、山腰林缘、灌丛和阴坡潮湿处以及路旁。

分布：马啣山及周边地区有分布。

兴隆山常见植物图谱

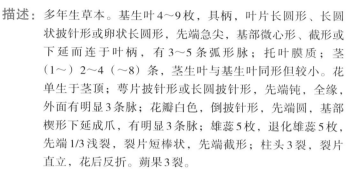

□ 梅花草属 *Parnassia*

— 三脉梅花草 —

Parnassia trinervis

兴隆山常见植物图谱

- **描述**：多年生草本。基生叶4～9枚，具柄，叶片长圆形、长圆状披针形或卵状长圆形，先端急尖，基部微心形、截形或下延而连于叶柄，有3～5条弧形脉；托叶膜质；茎（1～）2～4（～8）条，茎生叶与基生叶同形但较小。花单生于茎顶；萼片披针形或长圆披针形，先端钝，全缘，外面有明显3条脉；花瓣白色，倒披针形，先端圆，基部楔形下延成爪，有明显3条脉；雄蕊5枚，退化雄蕊5枚，先端1/3浅裂，裂片短棒状，先端截形；柱头3裂，裂片直立，花后反折。蒴果3裂。

- **生境**：生于山谷潮湿地、沼泽草甸或河滩、草地、灌丛。

- **分布**：马啣山及周边地区有分布。

突脉金丝桃

Hypericum przewalskii

- **描述**：多年生草本。全体无毛；茎多数。叶无柄，叶片向茎基部者渐变小而靠近，茎最下部者为倒卵形，向茎上部者为卵形或卵状椭圆形，先端钝形且常微缺，基部心形而抱茎，全缘、坚纸质、上面绿色，下面白绿色，散布淡色腺点，侧脉约4对，与中脉在上面凹陷，下面凸起。花序顶生，有时连同侧生小花枝组成伞房花序或为圆锥状；萼片直伸，无腺点。花瓣5；雄蕊5束，每束有雄蕊约15枚；花柱5枚。蒴果卵珠形，成熟后先端5裂。

- **生境**：生于海拔2740～3400米的山坡及河边灌丛。

- **分布**：兴隆山景区西山有分布。

□ **菫菜属** *Viola*

— 鸡腿菫菜 —
Viola acuminata

● **描述**：多年生草本。茎直立。常无基生叶；叶片心形、卵状心形或卵形；托叶通常羽状深裂呈流苏状，或浅裂呈齿牙状，边缘被缘毛。花淡紫色或近白色；花梗细中部以上或在花附近具2枚线形小苞片；萼片线状披针形，末端截形或有时具1～2个齿裂；花瓣有褐色腺点，上方花瓣与侧方花瓣近等长，上瓣向上反曲，侧瓣里面近基部有长须毛，下瓣里面常有紫色脉纹；距通常直，呈囊状，末端钝；子房无毛。蒴果椭圆形，无毛，常有黄褐色腺点。

● **生境**：生于杂木林林下、林缘、灌丛、山坡草地或溪谷湿地。

● **分布**：石佛沟景区路旁常见分布。

□ 堇菜属 *Viola*

— 双花堇菜 —
Viola biflora

描述： 多年生草本。地上茎较细弱，2或数条簇生，直立或斜升，具3～5节。基生叶2至数枚，具长柄，叶片肾形、宽卵形或近圆形，先端钝圆，基部深心形或心形，边缘具钝齿；茎生叶具短柄，叶片较小；托叶与叶柄离生，卵形或卵状披针形，先端尖，全缘或疏生细齿；花黄色或淡黄色；花梗有2枚披针形小苞片；萼片线状披针形或披针形，先端急尖，基部附属物极短；花瓣具紫色脉纹，侧方花瓣里面无须毛；距短筒状，下方雄蕊之距呈短角状。

生境： 多生于高山及亚高山地带草甸、灌丛或林缘、岩石缝隙间。

分布： 马啣山及周边地区草地常见分布。

□ 菫菜属 *Viola*

— 裂叶堇菜 —
Viola dissecta

兴隆山 常见植物图谱

描述：多年生草本。基生叶叶片轮廓呈圆形、肾形或宽卵形，通常3全裂，两侧裂片常2深裂，中裂片3深裂；托叶近膜质，苍白色至淡绿色，约2/3以上与叶柄合生，离生部分边缘疏生细齿。花淡紫色至紫堇色；在花梗中部以下有2枚线形小苞片；萼片卵形，长圆状卵形或披针形，末端全缘或具1~2个细齿；上方花瓣长倒卵形，侧方花瓣长圆状倒卵形，里面基部有长须毛或疏生须毛；距明显，圆筒形，末端钝而稍膨胀；子房卵球形，无毛。蒴果长圆形或椭圆形。

生境：多生于在山坡草地、杂木林缘、灌丛下及田边、路旁。

分布：兴隆山及周边地区常见分布。

董菜属 *Viola*

— **总裂叶堇菜** —
Viola dissecta var. incisa

描述： 多年生草本。全体密被白色短柔毛。基生叶4~8枚；叶片
卵形，边缘具缺刻状浅裂至中裂，下部裂片常具2~3个不
整齐的钝齿，两面密被白色短柔毛；叶柄具极狭的翅；托
叶1/2以上与叶柄合生，离生部分线状披针形或线形。花
大，紫堇色；花梗有2枚线形小苞片；萼片卵状披针形，
基部附属物较短，边缘具缘毛，末端近截形；花瓣长圆
形，侧方花瓣内有稀疏的须毛，距管状，直或稍弯曲，末
端圆。

生境： 生于海拔1300米以下山地林缘、山间荒坡草地。

分布： 兴隆山有分布。

菫菜属 *Viola*

蒙古菫菜

Viola mongolica

描述：多年生草本。花期通常宿存去年残叶；叶数枚，基生；叶片卵状心形、心形或椭圆状心形，先端钝或急尖，基部浅心形或心形，边缘具钝锯齿，两面疏生短柔毛，下面有时几无毛；叶柄具狭翅；托叶1/2与叶柄合生。花白色，花梗近中部有2枚线形小苞片；萼片椭圆状披针形或狭长圆形，末端浅齿裂，具缘毛；侧方花瓣里面近基部稍有须毛，下方花瓣中下部有时具紫色条纹，距管状，稍向上弯，末端钝圆；子房无毛。蒴果卵形，无毛。

生境：生于阔叶林、针叶林林下及林缘、石砾地。

分布：石佛沟景区路旁零星分布。

□ 菫菜属 *Viola*

— 鳞茎菫菜 —
Viola bulbosa

描述：多年生草本。根状茎细长，垂直，具多数细根，下部具一小鳞茎，由4～6枚白色、肉质、船形的鳞片所组成，下部生多数须状根。叶簇集茎端；叶片长圆状卵形或近圆形，先端圆或有时急尖，基部楔形或浅心形，边缘具明显的波状圆齿，无毛或下面特别是幼叶有白色柔毛；叶柄具狭翅。花小，白色；花梗中部以上有2枚线形小苞片；萼片卵形或长圆形，先端尖，基部附属物短而圆；花瓣倒卵形，下方花瓣有紫堇色条纹，先端有微缺；距短而粗，呈囊状，末端钝。

生境：生于海拔2200～3800米的山谷、草甸、山坡草地、耕地边缘土壤较疏松处。

分布：马啣山周边地区零星分布。

兴隆山常见植物图谱

□──□ **杨属** *Populus*

— 山杨 —

Populus davidiana

描述：乔木。高达25米。芽无毛，微有粘质。叶三角状宽卵形或近圆形，基部圆、平截或浅心形，有密波状浅齿，萌枝叶三角状卵圆形，下面被柔毛；叶柄侧扁。花序轴有毛；苞片掌状条裂，边缘有密长毛；雄花序长5～9厘米，雄蕊5～12枚，花药紫红色；雌花序长4～7厘米，柱头带红色。蒴果卵状圆锥形，有短柄，2瓣裂。

生境：多生于山坡、山脊和沟谷地带，常成纯林或与其他树种形成混交林。

分布：兴隆山景区东山常见分布。

— 山生柳 —
Salix oritrepha

描述： 直立矮小灌木。叶椭圆形或卵圆形，先端钝或急尖，基部圆形或钝，上面绿色，具疏柔毛或无毛，下面灰色或稍苍白色，有疏柔毛，后无毛，叶脉网状凸起，全缘；叶柄紫色。雄花序圆柱形，花密集，具2～3枚倒卵状椭圆形小叶；雌花序花密生，花序梗具2～3枚叶，子房卵形，无柄，花柱2裂，柱头2裂；苞片宽倒卵形，两面具毛，深紫色；腺体2个，常分裂，而基部结合，形成假花盘状。

生境： 生于海拔3200～4300米的山脊、山坡及山沟河边、灌丛。

分布： 马啣山及周边地区常见分布。

□ 大戟属 *Euphorbia*

— 泽漆 —

Euphorbia helioscopia

描述： 一年生草本。茎直立，单一或自基部多分枝，分枝斜展向上，光滑无毛；叶互生，倒卵形或匙形，先端具牙齿，中部以下渐狭或呈楔形。总苞叶5枚，倒卵状长圆形先端具牙齿，基部略渐狭；总伞幅5枚；苞叶2枚，卵圆形，先端具牙齿，基部呈圆形；花序单生；总苞钟状，边缘5裂，裂片半圆形；腺体4个，盘状，中部内凹，基部具短柄；雄花数枚，明显伸出总苞外；雌花1枚，子房柄略伸出总苞边缘。蒴果三棱状阔圆形；具明显三纵沟。

生境： 多生于山沟、路旁、荒野和山坡。

分布： 兴隆山及周边地区广泛分布。

地锦草

Euphorbia humifusa

描述：一年生草本。茎匍匐，基部以上多分枝。叶对生，矩圆形或椭圆形，先端钝圆，基部偏斜，略渐狭，边缘常于中部以上具细锯齿。花序单生叶腋；总苞陀螺状，边缘4裂，裂片三角形；腺体4，矩圆形，边缘具白色或淡红色附属物。雄花数枚；雌花1枚，子房柄伸出至总苞边缘；子房三棱状卵形，光滑无毛；花柱3，分离；柱头2裂。蒴果三棱状卵球形，成熟时分裂为3个分果爿。

生境：生于原野荒地、路旁、田间、沙丘、海滩、山坡。

分布：兴隆山及周边地区路边常见分布。

大戟属 *Euphorbia*

甘肃大戟
Euphorbia kansuensis

描述： 多年生草本。全株无毛，茎单一直立。叶互生，线形、线状披针形或倒披针形，变化较大，较典型的呈长圆形；总苞叶 3～5～8 枚，同茎生叶；苞叶 2 枚，卵状三角形；花序单生二歧分枝顶端；总苞钟状，边缘 4 裂，裂片三角状卵形，全缘；腺体 4 个，半圆形，暗褐色；雄花多枚，伸出总苞之外；雌花 1 枚，子房柄伸出总苞外；花柱 3 枚，中部以下合生；柱头 2 裂。蒴果三角状球形，无毛；花柱宿存；成熟时分裂为 3 个分果爿。

生境： 生于山坡、草丛、沟谷、灌丛或林缘。

分布： 兴隆山及周边地区常见分布。

□ 老鹳草属 *Geranium*

毛蕊老鹳草

Geranium platyanthum

描述：多年生草本。茎被开展长糙毛和腺毛。叶互生，五角状肾圆形，掌状5裂达叶中部或稍过之，裂片菱状卵形或楔状倒卵形，下部全缘，上面疏被糙伏毛，下面沿脉被糙毛。伞形聚伞花序，长于叶，被开展糙毛和腺毛，花序梗具2～4朵花；萼片长卵形或椭圆状卵形，被糙毛或开展腺毛；花瓣淡紫红色，宽倒卵形或近圆形，向上反折，先端浅波状；花丝淡紫色，花药紫红色；花柱上部紫红色。

生境：生于山地林下、灌丛和草甸。

分布：兴隆山、石佛沟景区零星分布。

□ 老鹳草属 *Geranium*

— 草地老鹳草 —
Geranium pratense

描述： 多年生草本。茎单一或数个丛生，直立，假二叉状分枝，被倒向弯曲的柔毛和开展的腺毛。叶基生和茎上对生；基生叶和茎下部叶具长柄；叶片肾圆形或上部叶五角状肾圆形，基部宽心形，掌状7～9深裂近茎部，裂片菱形或狭菱形，羽状深裂。总花梗腋生或于茎顶集为聚伞花序，每梗具2朵花；苞片狭披针形；萼片卵状椭圆形或椭圆形；花瓣紫红色，宽倒卵形，先端钝圆，茎部楔形；花丝上部紫红色。

生境： 生于山地草甸和亚高山草甸。

分布： 马啣山周边地区广泛分布。

□ 老鹳草属 *Geranium*

— **甘青老鹳草** —

Geranium pylzowianum

描述：多年生草本。茎直立；叶对生，肾圆形，掌状5～7深裂至基部，裂片倒卵形，1～2次羽状深裂，小裂片宽条形，上面疏被伏柔毛，下面沿脉被伏毛。花序长于叶，每梗具2朵或4朵花呈二歧聚伞状，花序梗密被倒向柔毛；花梗下垂；萼片披针形或披针状长圆形，被长柔毛；花瓣紫红色，倒卵圆形，长为萼片2倍，先端平截；雄蕊与萼片近等长；花丝淡褐色，花药深紫色，花柱分枝暗紫色。

生境：生于海拔2500～5000米的山地针叶林缘草地、亚高山和高山草甸。

分布：石佛沟、马啣山及周边地区常见分布。

□ 柳兰属 *Chamerion*

— 柳兰 —

Chamerion angustifolium

描述： 多年粗壮草本。茎不分枝或上部分枝。叶螺旋状互生，稀近基部对生，披针状长圆形至倒卵形，中上部的叶线状披针形或狭披针形，先端渐狭，基部钝圆或有时宽楔形，上面绿色或淡绿，边缘近全缘或稀疏浅小齿，稍微反卷。花序总状，直立；萼片紫红色；花瓣粉红至紫红色，稀白色，上面二枚较长大，倒卵形或狭倒卵形，全缘或先端具浅凹缺；花柱开放时强烈反折，后恢复直立；柱头白色，深4裂；子房淡红色或紫红色。蒴果密被贴生的白灰色柔毛。

生境： 生于较湿润草坡灌丛、火烧迹地、高山草甸、河滩、砾石坡。

分布： 石佛沟景区、马㘹山及周边地区广泛分布。

□ **露珠草属** *Circaea*

— **高山露珠草** —
Circaea alpina

描述：多年生草本。根状茎顶端具块茎。茎多少肉质，无毛。叶半透明，卵形或宽卵形，稀圆形，基部心形或近心形，稀平截或圆，先端短渐尖或急尖，具牙齿。顶生总状花序无毛或密被短腺毛；花梗呈上升状或直立；花集生于花序轴顶端。萼片长圆状椭圆形或卵形，先端钝圆或微呈乳突状；花瓣白色，倒三角形或倒卵形，先端凹缺为花瓣长度的1/4至1/2，裂片圆形；雄蕊与花柱等长。果棒状。

生境：生于潮湿处和苔藓覆盖的岩石及木头上。

分布：兴隆山景区有分布。

□ 柳叶菜属 *Epilobium*

— 沼生柳叶菜 —
Epilobium palustre

描述：多年生直立草本。茎圆柱状。叶对生，花序上的互生，近线形至狭披针形，先端锐尖或渐尖，有时稍钝，基部近圆形或楔形，边缘全缘或每边有5～9枚不明显浅齿。花序花前直立或稍下垂；花近直立；花管喉部近无毛或有一环稀疏的毛；萼片长圆状披针形，先端锐尖；花瓣白色至粉红色或玫瑰紫色，倒心形，先端凹缺；花药长圆状；花柱直立，无毛；柱头开花时稍伸出外轮花药。蒴果被曲柔毛。

生境：生于湖塘、沼泽、河谷、溪沟旁、亚高山与高山草地湿润处。

分布：兴隆山、石佛沟景区路旁有分布。

□ 熏倒牛属 *Biebersteinia*

— 熏倒牛 —

Biebersteinia heterostemon

描述：一年生草本。具浓烈腥臭味。茎单一，直立，上部分枝。叶为三回羽状全裂，末回裂片狭条形或齿状；托叶半卵形，与叶柄合生，先端撕裂。花序为圆锥聚伞花序，长于叶，由3朵花构成的多数聚伞花序组成；苞片披针形，每花具1枚钻状小苞片；花梗长为苞片5～6倍；萼片宽卵形，先端急尖；花瓣黄色，倒卵形，稍短于萼片，边缘具波状浅裂。蒴果肾形，不开裂，无喙。

生境：生于海拔1000～3200米的黄土山坡、河滩地和杂草坡地。

分布：马啣山及周边地区路旁常见分布。

□ 槭属 *Acer*

— 四蕊槭 —

Acer stachyophyllum subsp. *betulifolium*

描述： 落叶乔木，高7～12米。小枝细瘦，紫色或紫绿色。叶卵形或卵状椭圆形，基部圆形或近截形，先端尖尾，边缘有锐尖锯齿，侧脉4～6对。雌雄异株，总状花序，花黄绿色；雄花序很短，3～5朵花；雌花序长4～5厘米，5～8朵花；萼片、花瓣、雄蕊4枚，稀5～6枚雄蕊，子房紫色。翅果长3～5.5厘米，翅长圆形，张开成直角至近直立。

生境： 生于海拔1400～3300米的疏林中。

分布： 兴隆山景区常见分布。

— 野葵 —

Malva verticillata

描述：二年生草本。茎被星状长柔毛。叶圆肾形或圆形，通常掌状5～7裂，裂片三角形，具钝尖头，具钝齿，两面疏被糙伏毛或近无毛；托叶卵状披针形。花3至多朵簇生叶腋；小苞片3枚，线状披针形，被纤毛；花萼杯状，5裂，裂片宽三角形，疏被星状毛；花冠白或淡红色，长稍超过萼片；花瓣5枚，先端微凹，雄蕊柱被毛；花柱分枝10～11个。分果扁球形；分果爿10～11枚。

生境：多生于平原及山野。

分布：石佛沟景区路旁有分布。

□ 瑞香属 *Daphne*

— 黄瑞香 —
Daphne giraldii

描述： 落叶直立灌木。叶互生，膜质，常密生于小枝上部，倒披针形，先端钝或微突尖，基部楔形，全缘，下面带白霜，干后灰绿色，两面无毛，侧脉8～10对。花3～8朵组成顶生头状花序；无苞片；花黄色，微芳香；萼筒无毛，裂片4枚，卵状三角形，骤尖或渐尖；雄蕊8枚，2轮；花盘浅盘状，全缘；子房无毛，无花柱，柱头头状。果卵形，橙红或红色。

生境： 生于海拔1600～2600米的山地林缘或疏林中。

分布： 兴隆山有分布。

□ 瑞香属 *Daphne*

— 唐古特瑞香 —

Daphne tangutica

描述： 常绿灌木。叶互生，革质或亚革质，披针形至长圆状披针形或倒披针形，先端钝形，尖头通常钝形；稀凹下，基部下延于叶柄，楔形，边缘全缘，反卷，上面深绿色，下面淡绿色。花外面紫色或紫红色，内面白色，头状花序生于小枝顶端；苞片早落，卵形或卵状披针形；花萼裂片4枚，卵形或卵状椭圆形，开展，先端钝形；雄蕊8枚，2轮，花药橙黄色，略伸出于喉部。果实卵形或近球形，幼时绿色，成熟时红色。

生境： 生于海拔1000～3800米的润湿林、高山灌丛中。

分布： 兴隆山、马啣山及周边地区常见分布。

□ 狼毒属 *Stellera*

— 狼毒 —

Stellera chamaejasme

● **描述：** 多年生草本。茎直立，丛生，基部木质化。叶散生，稀对生或近轮生，薄纸质，披针形或长圆状披针形，稀长圆形，先端渐尖或急尖，稀钝形，基部圆形至钝形或楔形，上面绿色，下面淡绿色至灰绿色；叶柄基部具关节。花白色、黄色至带紫色，芳香，多花的头状花序，顶生，圆球形；具绿色叶状总苞片；无花梗；花萼筒细瘦，裂片5枚，卵状长圆形，顶端圆形，稀截形，常具紫红色的网状脉纹；雄蕊10枚，2轮，花药微伸出。

● **生境：** 生于海拔2600～4200米的干燥向阳的高山草坡、草坪或河滩台地。

● **分布：** 兴隆山及周边地区常见分布。

□ 南芥属 *Arabis*

— 垂果南芥 —
Arabis pendula

描述：二年生草本。茎直立，上部有分枝。茎下部的叶长椭圆形至倒卵形，顶端渐尖，边缘有浅锯齿，基部渐狭而成叶柄；茎上部的叶狭长椭圆形至披针形，较下部的叶略小，基部呈心形或箭形，抱茎，上面黄绿色至绿色。总状花序顶生或腋生，有花10余朵；萼片椭圆形，背面被有单毛、2～3叉毛及星状毛，花蕾期更密；花瓣白色、匙形。长角果线形，弧曲，下垂。

生境：生于山坡、路旁、河边草丛中及高山灌木林下、荒漠地区。

分布：兴隆山景区零星分布。

221

□ 荠属 *Capsella*

— 荠 —
Capsella bursa-pastoris

兴隆山 常见植物图谱

描述： 一年或二年生草本。茎直立，单一或从下部分枝。基生叶丛生呈莲座状，大头羽状分裂，顶裂片卵形至长圆形，侧裂片3～8对，长圆形至卵形，顶端渐尖，浅裂、或有不规则粗锯齿或近全缘；茎生叶窄披针形或披针形，基部箭形，抱茎，边缘有缺刻或锯齿。总状花序顶生及腋生；萼片长圆形；花瓣白色，卵形，有短爪。短角果倒三角形或倒心状三角形，扁平，无毛，顶端微凹。

生境： 生于山坡、田边及路旁。

分布： 兴隆山及周边地区广泛分布。

□ 碎米荠属 *Cardamine*

— 紫花碎米荠 —

Cardamine purpurascens

描述：多年生草本。茎单一，不分枝。基生叶有长叶柄；小叶3～5对，顶生小叶与侧生小叶的形态和大小相似，长椭圆形，顶端短尖，边缘具钝齿，基部呈楔形或阔楔形；茎生叶通常3枚，着生于茎的中、上部，有叶柄，小叶3～5对，与基生的相似，但较狭小。总状花序有10余朵花；外轮萼片长圆形，内轮萼片长椭圆形，边缘白色膜质，外面带紫红色；花瓣紫红色或淡紫色，倒卵状楔形，顶端截形，基部渐狭成爪。长角果线形，扁平。

生境：生于海拔2100～4400米的高山山沟草地及林下阴湿处。

分布：兴隆山、马啣山景区有分布。

播娘蒿属 *Descurainia*

— 播娘蒿 —

Descurainia sophia

描述： 一年生草本。有毛或无毛，毛为叉状毛，以下部茎生叶为多，向上渐少；茎直立，分枝多。叶为3回羽状深裂，末端裂片条形或长圆形，下部叶具柄，上部叶无柄。花序伞房状，果期伸长；萼片直立，早落，长圆条形，背面有分叉细柔毛；花瓣黄色，长圆状倒卵形，或稍短于萼片，具爪；雄蕊6枚，比花瓣长1/3。长角果圆筒状，无毛，稍内曲，与果梗不成1条直线，果瓣中脉明显。

生境： 生于山坡、田野及农田。

分布： 兴隆山景区及周边地区常见分布。

□— 花旗杆属 *Dontostemon*

— 羽裂花旗杆 —

Dontostemon pinnatifidus

描述：二年生直立草本。茎单一或上部分枝，植株具腺毛及单毛。叶互生，长椭圆形，近无柄，边缘具2～4对篦齿状缺刻。总状花序顶生，结果时延长；萼片宽椭圆形，具白色膜质边缘，内轮2枚基部略呈囊状，背面无毛或具少数白色长单毛；花瓣白色或淡紫红色，倒卵状楔形，顶端凹缺，基部具短爪；长雄蕊花丝顶部一侧具齿或顶端向下逐渐扩大，扁平。长角果圆柱形，具腺毛。

生境：生于山坡草丛、林下、山沟灌丛、河滩及路旁。

分布：马啣山及周边地区常见分布。

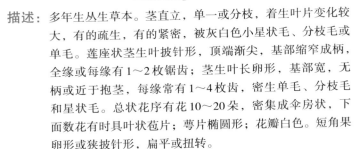

□ 葶苈属 *Draba*

— 蒙古葶苈 —
Draba mongolica

描述： 多年生丛生草本。茎直立，单一或分枝，着生叶片变化较大，有的疏生，有的紧密，被灰白色小星状毛、分枝毛或单毛。莲座状茎生叶披针形，顶端渐尖，基部缩窄成柄，全缘或每缘有1~2枚锯齿；茎生叶长卵形，基部宽，无柄或近于抱茎，每缘常有1~4枚齿，密生单毛、分枝毛和星状毛。总状花序有花10~20朵，密集成伞房状，下面数花有时具叶状苞片；萼片椭圆形；花瓣白色。短角果卵形或狭披针形，扁平或扭转。

生境： 生于山顶岩石隙间或山顶草地、阳坡、河滩地。

分布： 兴隆山及周边地区常见分布。

□ 葶苈属 *Draba*

— 葶苈 —

Draba nemorosa

描述： 一年生或二年生草本。茎直立，单一或分枝，被单毛、叉状毛和分枝毛，上部毛渐稀疏或无毛。莲座状基生叶长倒卵形，边缘疏生细齿或近全缘；茎生叶长卵形或卵形，先端尖，基部楔形或圆，边缘有细齿，被毛。总状花序有25～90朵花，成伞房状；萼片椭圆形；花瓣黄色，花后白色，倒楔形，先端凹；花药短心形；子房密生单毛，花柱几不发育，柱头小。短角果长圆形或长椭圆形，被短单毛或无毛。

生境： 生于田边路旁、山坡草地及河谷湿地。

分布： 兴隆山、石佛沟景区常见分布。

兴隆山常见植物图谱

□ 香花芥属 *Hesperis*

— 北香花芥 —
Hesperis sibirica

描述： 二年生草本。茎直立，上部分枝。茎下部叶卵状披针形，顶端急尖或渐尖，基部楔形，边缘有小牙齿；茎生叶窄披针形，有锯齿至近全缘。总状花序顶生或腋生；花玫瑰红色或紫色；萼片椭圆形，外面有长毛；花瓣倒卵形，具长爪。长角果窄线形，无毛或具腺毛。

生境： 生于山坡。

分布： 石佛沟景区常见分布。

□ 双果荠属 *Megadenia*

— 双果荠 —

Megadenia pygmaea

描述：一年生矮小草本。无茎或茎极短，全株无毛。叶基生，莲座状，心状圆形，基部心形，边缘波状，具掌状脉。花单生叶腋，或腋生总状花序；萼片宽卵形；花瓣白色，匙状倒卵形，基部有爪；雄蕊6枚，花丝白色，花药圆形；侧蜜腺4个，四角形；花柱短，柱头近2裂。短角果横卵形，顶端深凹，不裂；宿存花柱生于凹缺中。

生境：生于海拔1000～4200米的山坡灌丛下。

分布：马啣山周边地区零星分布。

大蒜芥属 *Sisymbrium*

— 垂果大蒜芥 —

Sisymbrium heteromallum

描述： 一年生或二年生草本。茎直立，单一或分枝，被疏毛。茎下部叶长椭圆形或披针形，篦齿状羽状深裂，顶端裂片披针形，全缘或有齿，侧裂片2～6对，卵状披针形或线形，常有齿；茎上部叶无柄，羽裂，裂片线形，常有齿；茎上部叶无柄，羽裂，裂片线形；花有苞片；萼片淡黄色；花瓣黄色，先端钝，基部有爪。长角果线形；果瓣稍隆起；果柄纤细，常外弯。

生境： 生于海拔900～3500米的林下、阴坡、河边。

分布： 兴隆山景区路边零星分布。

□ 菥蓂属 *Thlaspi*

—— 菥蓂 ——

Thlaspi arvense

描述：一年生草本。茎直立，不分枝或分枝，具棱。基生叶倒卵状长圆形，顶端圆钝或急尖，基部抱茎，两侧箭形，边缘具疏齿。总状花序顶生；花白色；花梗细；萼片直立，卵形，顶端圆钝；花瓣长圆状倒卵形，顶端圆钝或微凹。短角果倒卵形或近圆形，扁平，顶端凹入，边缘有翅。

生境：多生于平地路旁、沟边或村落附近。

分布：马啣山周边广泛分布。

兴隆山常见植物图谱

□ **百蕊草属** *Thesium*

急折百蕊草

Thesium refractum

描述：多年生草本。茎有明显的纵沟。叶线形，顶端常钝，基部收狭不下延，无柄，两面粗糙，常单脉。总状花序腋生或顶生；花白色；总花梗呈"之"字形曲折；花梗细长，有棱，花后外倾并渐反折；苞片1枚，叶状，开展；小苞片2枚；花被筒状或阔漏斗状，上部5裂，裂片线状披针形；雄蕊5枚，内藏；花柱不外伸。坚果椭圆状或卵形，表面有5～10条不很明显的纵脉（或棱）；宿存花被长1.5厘米；果柄长达1厘米，果熟时反折。

生境：生于草甸和多砂砾的干旱坡地。

分布：兴隆山景区、石佛沟景区零星分布。

□ **水柏枝属** *Myricaria*

— **三春水柏枝** —

Myricaria paniculata

描述： 灌木。叶披针形、卵状披针形或长圆形，密集。一年开两次花，春季总状花序侧生于去年生枝，基部被有多数覆瓦状排列的膜质鳞片；苞片椭圆形或倒卵形；夏秋季开花，圆锥花序生于当年生枝顶端，苞片卵状披针形或窄卵形；萼片卵状或卵状长圆形，内曲；花瓣倒卵形或倒卵状披针形，常内曲，粉红或淡紫红色，花后宿存；雄蕊10枚，花丝1/2或2/3连合。蒴果窄圆锥形，3瓣裂。

生境： 生于山地河谷砾石质河滩、河床砂地、河滩及河谷山坡。

分布： 马啣山周边地区溪边零星分布。

□—— 鸡娃草属 *Plumbagella*

— 鸡娃草 —

Plumbagella micrantha

兴隆山 常见植物图谱

- 描述：一年生草本。茎直立，分枝，常具细皮刺。叶无柄，基部抱茎下延；茎下部叶匙形或倒卵状披针形，上部叶窄披针形或卵状披针形，渐小。花序顶生，初近头状，后成短穗状，具4～12条小穗，小穗具2～3朵花；苞片叶状，宽卵形，草质；小苞片2枚，膜质；花小，具短梗；萼草质，绿色，管状圆锥形；花冠窄钟状，淡蓝紫色，花冠裂片直立；花药窄卵圆形，淡黄色；花柱1枚，具5个分枝，柱头面位于分枝内侧，具有柄头状腺体。

- 生境：生于细砂基质的路边、溪边空地、耕地和阳面山坡草地。

- 分布：马啣山周边地区零星分布。

细柄野荞麦

Fagopyrum gracilipes

描述： 一年生草本。茎直立，自基部分枝，具纵棱。叶卵状三角形，顶端渐尖，基部心形，由下至上叶柄渐短至近无，膜质托叶鞘偏斜。花序总状，腋生或顶生，极稀疏，间断，花梗细弱，顶部具关节，花被5深裂，椭圆形，淡红色；雄蕊8枚，花柱3枚。瘦果宽卵形，具3条锐棱，有时沿棱生狭翅，有光泽，突出花被之外。

生境： 生于海拔300～3400米的山坡草地、山谷湿地、田埂、路旁。

分布： 石佛沟景区路旁有分布。

何首乌属 *Fallopia*

— 木藤蓼 —
Fallopia aubertii

描述： 半灌木。茎缠绕。叶簇生稀互生，叶片长卵形或卵形，近革质，顶端急尖，基部近心形；托叶鞘膜质，偏斜，褐色，易破裂。花序圆锥状，少分枝，稀疏，腋生或顶生；苞片膜质，顶端急尖，每苞内具3～6朵花；花梗下部具关节；花被5深裂，淡绿色或白色，花被片外面3片较大，背部具翅，果时增大，基部下延；花被果时外形呈倒卵形；雄蕊8枚；花柱3枚，极短，柱头头状。瘦果卵形，具3条棱，黑褐色，密被小颗粒。

生境： 生于海拔900～3200米的山坡草地、山谷灌丛。

分布： 兴隆山、石佛沟路旁常见分布。

□ 蓼属 *Polygonum*

— **萹蓄** —

Polygonum aviculare

描述： 一年生草本。茎平卧、上升或直立，自基部多分枝，具纵棱。叶椭圆形，狭椭圆形或披针形，顶端钝圆或急尖，基部楔形，边缘全缘，两面无毛，下面侧脉明显；叶柄短或近无柄，基部具关节；托叶鞘膜质，下部褐色，上部白色，撕裂脉明显。花单生或数朵簇生于叶腋；苞片薄膜质；花梗细，顶部具关节；花被5深裂，花被片椭圆形，绿色，边缘白色或淡红色；雄蕊8枚，花丝基部扩展；花柱3枚，柱头头状。

生境： 多生于田边路、沟边湿地。

分布： 兴隆山及周边地区常见分布。

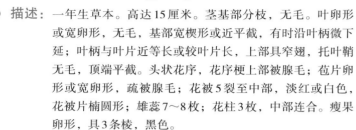

□— 蓼属 *Polygonum*

— **冰川蓼** —

Polygonum glaciale

描述：一年生草本。高达15厘米。茎基部分枝，无毛。叶卵形
或宽卵形，无毛，基部宽楔形或近平截，有时沿叶柄微下
延；叶柄与叶片近等长或较叶片长，上部具窄翅，托叶鞘
无毛，顶端平截。头状花序，花序梗上部被腺毛；苞片卵
形或宽卵形，疏被腺毛；花被5裂至中部，淡红或白色，
花被片楠圆形；雄蕊7~8枚；花柱3枚，中部连合。瘦果
卵形，具3条棱，黑色。

生境：生于海拔2100~4300米的山顶、山坡草地、山谷湿地、
溪边。

分布：马啣山周边地区常见分布。

□ 蓼属 *Polygonum*

— 酸模叶蓼 —
Polygonum lapathifolium

描述： 一年生草本。茎直立，分枝，节部膨大。叶披针形或宽披针形，先端渐尖或尖，基部楔形，上面常具黑褐色新月形斑点，托叶鞘顶端平截。数个穗状花序组成圆锥状，花序梗被腺体，花被4～5深裂，淡红或白色，花被片椭圆形，顶端分叉，外弯；雄蕊6枚，花柱2枚。瘦果宽卵形，黑褐色。

生境： 生于田边、路旁、溪边、荒地或沟边湿地。

分布： 石佛沟景区路旁常见分布。

239

兴隆山常见植物图谱

□ 蓼属 *Polygonum*

— 圆穗蓼 —
Polygonum macrophyllum

兴隆山常见植物图谱

- **描述**：多年生草本。茎直立，不分枝，2～3条自根状茎发出。基生叶长圆形或披针形，顶端急尖，基部近心形，上面绿色，下面灰绿色，边缘叶脉增厚，外卷；茎生叶狭披针形或线形；托叶鞘筒状，膜质，顶端偏斜，开裂，无缘毛。总状花序呈短穗状，顶生；苞片膜质，卵形，顶端渐尖，每苞内具2～3朵花；花被5深裂，淡红色或白色，花被片椭圆形；雄蕊8枚，比花被长，花药黑紫色；花柱3枚。瘦果卵形，具3条棱。

- **生境**：生于海拔2300～5000米的山坡草地、高山草甸。

- **分布**：马啣山及周边地区零星分布。

□— □ 蓼属 *Polygonum*

— 红蓼 —

Polygonum orientale

描述：一年生草本。茎直立，粗壮，上部多分枝，密被长柔毛。叶宽卵形或宽椭圆形，先端渐尖，基部圆或近心形，微下延，两面密被柔毛；托叶鞘被长柔毛，常沿顶端具绿色草质翅。穗状花序微下垂，数个花序组成圆锥状；苞片宽漏斗状，草质，绿色，被柔毛；花被5深裂，淡红或白色，花被片椭圆形；雄蕊7枚；花柱2枚，中下部连合。瘦果近球形，扁平，双凹，包于宿存花被内。

生境：生于沟边湿地、村边路旁或栽培。

分布：兴隆山景区西山山顶有栽培。

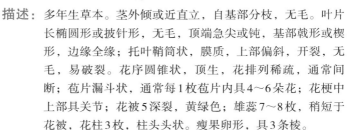

□ 蓼属 *Polygonum*

— 西伯利亚蓼 —
Polygonum sibiricum

描述：多年生草本。茎外倾或近直立，自基部分枝，无毛。叶片长椭圆形或披针形，无毛，顶端急尖或钝，基部戟形或楔形，边缘全缘；托叶鞘筒状，膜质，上部偏斜，开裂，无毛，易破裂。花序圆锥状，顶生，花排列稀疏，通常间断；苞片漏斗状，通常每1枚苞片内具4~6朵花；花梗中上部具关节；花被5深裂，黄绿色；雄蕊7~8枚，稍短于花被，花柱3枚，柱头头状。瘦果卵形，具3条棱。

生境：生于路边、湖边、河滩、山谷湿地、沙质盐碱地。

分布：石佛沟景区、马唧山周边地区常见分布。

□ 蓼属 *Polygonum*

— **支柱蓼** —

Polygonum suffultum

描述： 多年生草本。根茎念珠状，黑褐色。基生叶卵形或长卵形，先端渐尖或尖，基部心形，疏生短缘毛，两面无毛或疏被柔毛；茎生叶卵形，具短柄，最上部叶基部抱茎，托叶鞘膜质，褐色，偏斜，无缘毛。穗状花序；苞片长卵形，膜质；花梗细；花被5深裂，白或淡红色，花被片倒卵形或椭圆形；雄蕊8枚，较花被长；花柱3枚。瘦果宽椭圆形，具3条棱，黄褐色，稍长于宿存花被。

生境： 生于海拔1300～4000米的山坡路旁、林下湿地及沟边。

分布： 兴隆山景区零星分布。

蓼属 *Polygonum*

兴隆山 常见植物图谱

— 珠芽蓼 —

Polygonum viviparum

描述：多年生草本。茎直立，不分枝，通常2～4条自根状茎发出。基生叶长圆形或卵状披针形，顶端尖或渐尖，基部圆形、近心形或楔形，两面无毛，边缘脉端增厚；外卷，具长叶柄；茎生叶较小，披针形，近无柄；托叶鞘筒状，膜质，偏斜，开裂，无缘毛。总状花序呈穗状，顶生，紧密，下部生珠芽；苞片卵形，膜质，每苞内具1～2朵花；花梗细弱；花被5深裂，白色或淡红色。花被片椭圆形；雄蕊8枚；花柱3枚。瘦果卵形，具3条棱。

生境：生于山坡林下、高山或亚高山草甸。

分布：马啣山及周边地区广泛分布。

□ 大黄属 *Rheum*

— 鸡爪大黄 —
Rheum tanguticum

描述： 高大草本。高达2米。茎粗壮。茎生叶近圆形或宽卵形，先端窄长尖，基部稍心形，掌状5深裂，基部裂片不裂，中裂片羽状深裂，裂片窄长披针形，基脉5条，上面被乳突，下面密被毛；茎生叶叶柄较短；托叶鞘被粗毛。圆锥花序，分枝较紧聚；花梗下部具关节；花被片近椭圆形，紫红稀淡红色；雄蕊9枚，内藏；花盘与花丝基部连成浅盘状；花柱较短，柱头头状。果长圆状卵形或长圆形，顶端圆或平截，基部稍心形。

生境： 生于海拔1600～3000米的高山沟谷。

分布： 马啣山周边地区有分布，有栽培。

Polygonaceae

蓼科

245

兴隆山常见植物图谱

□ 酸模属 *Rumex*

— **齿果酸模** —

Rumex dentatus

兴隆山 常见植物图谱

描述： 一年生草本。茎直立，自基部分枝，具浅沟槽。茎下部叶长圆形或长椭圆形，顶端圆钝或急尖，基部圆形或近心形，边缘浅波状，茎生叶较小。花序总状，顶生和腋生，由数个再组成圆锥状花序，多花，轮状排列，花轮间断；花梗中下部具关节；外花被片椭圆形；内花被片果时增大，三角状卵形，顶端急尖，基部近圆形，网纹明显，全部具小瘤，小瘤边缘每侧具2～4个刺状齿。瘦果卵形，具3条锐棱，黄褐色。

生境： 生于沟边湿地、山坡路旁。

分布： 兴隆山周边地区常见分布。

□ 无心菜属 *Arenaria*

— 黑蕊无心菜 —
Arenaria melanandra

描述： 多年生草本。茎单生或基部二分叉。叶片长圆形或长圆状披针形，基部较狭，疏生缘生，顶端钝；叶腋生不育枝。花1~3朵，呈聚伞状，常直立；苞片卵状披针形，基部较狭，顶端急尖；萼片5枚，椭圆形，基部较宽，边缘狭膜质，顶端钝，具1脉；花瓣5枚，白色，宽倒卵形，基部渐狭成短爪，顶端微凹；花盘碟状，具5个椭圆形腺体；雄蕊10枚，花丝钻形，常长于萼片，花药黑紫色；花柱2~3枚，线形。蒴果稍短于宿萼。

生境： 生于海拔3700~5000米的高山草甸或高山砾石带。

分布： 马啣山山顶零星分布。

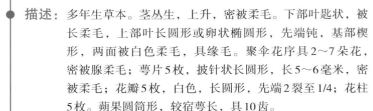

卷耳属 *Cerastium*

— 山卷耳 —

Cerastium pusillum

兴隆山常见植物图谱

- **描述**：多年生草本。茎丛生，上升，密被柔毛。下部叶匙状，被长柔毛，上部叶长圆形或卵状椭圆形，先端钝，基部楔形，两面被白色柔毛，具缘毛。聚伞花序具2～7朵花，密被腺柔毛；萼片5枚，披针状长圆形，长5～6毫米，密被柔毛；花瓣5枚，白色，长圆形，先端2裂至1/4；花柱5枚。蒴果圆筒形，较宿萼长，具10齿。

- **生境**：生于海拔2800～3200米的高山草地、草甸。

- **分布**：马啣山周边地区有分布。

□ 石竹属 *Dianthus*

— 石竹 —
Dianthus chinensis

描述：多年生草本。带粉绿色；茎疏丛生，直立。叶片线状披针形，全缘或有细小齿，中脉较显。花单生枝端或数花集成聚伞花序；苞片4枚，卵形，顶端长渐尖，边缘膜质，有缘毛；花萼圆筒形，有纵条纹，萼齿披针形，顶端尖，有缘毛；花瓣倒卵状三角形，紫红色、粉红色、鲜红色或白色，顶缘不整齐齿裂，喉部有斑纹，疏生髯毛；雄蕊露出喉部外，花药蓝色；花柱线形。蒴果圆筒形，顶端4裂。

生境：生于草原和山坡草地、灌丛下。

分布：石佛沟有分布。

兴
隆
山
常
见
植
物
图
谱

□ **石竹属** *Dianthus*

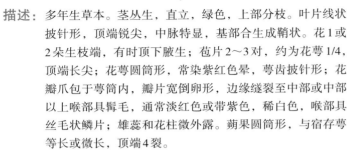

— **瞿麦** —

Dianthus superbus

描述： 多年生草本。茎丛生，直立，绿色，上部分枝。叶片线状
披针形，顶端锐尖，中脉特显，基部合生成鞘状。花1或
2朵生枝端，有时顶下腋生；苞片2～3对，约为花萼1/4，
顶端长尖；花萼圆筒形，常染紫红色晕，萼齿披针形；花
瓣爪包于萼筒内，瓣片宽倒卵形，边缘缝裂至中部或中部
以上喉部具髯毛，通常淡红色或带紫色，稀白色，喉部具
丝毛状鳞片；雄蕊和花柱微外露。蒴果圆筒形，与宿存萼
等长或微长，顶端4裂。

生境： 生于海拔400～3700米的丘陵山地疏林下、林缘、草甸、
沟谷溪边。

分布： 马啣山周边地区有分布。

□ 薄蒴草属 *Lepyrodiclis*

— **薄蒴草** —

Lepyrodiclis holosteoides

描述：一年生草本。全株被腺毛。茎具纵纹。叶线状披针形。圆
锥状聚伞花序顶生或腋生，苞片披针形或线状披针形，草
质；花梗细，密被腺柔毛；萼片5枚，线状披针形，疏被
腺柔毛；花瓣5枚，白色，宽倒卵形，与萼片近等长或稍
长，全缘；雄蕊10枚；花柱2枚。蒴果卵圆形，短于宿
萼，2瓣裂。

生境：生于山坡草地、荒芜农地或林缘。

分布：石佛沟、马啣山周边地区路旁有分布。

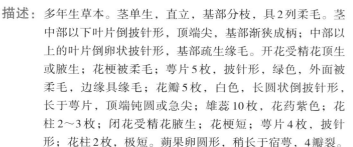

孩儿参属 *Pseudostellaria*

—— 异花孩儿参 ——
Pseudostellaria heterantha

描述： 多年生草本。茎单生，直立，基部分枝，具2列柔毛。茎中部以下叶片倒披针形，顶端尖，基部渐狭成柄；中部以上的叶片倒卵状披针形，基部疏生缘毛。开花受精花顶生或腋生；花梗被柔毛；萼片5枚，披针形，绿色，外面被柔毛，边缘具缘毛；花瓣5枚，白色，长圆状倒披针形，长于萼片，顶端钝圆或急尖；雄蕊10枚，花药紫色；花柱2～3枚；闭花受精花腋生；花梗短；萼片4枚，披针形；花柱2枚，极短。蒴果卵圆形，稍长于宿萼，4瓣裂。

生境： 生于山地林下。

分布： 兴隆山景区、石佛沟景区有分布。

□ **孩儿参属** *Pseudostellaria*

— 细叶孩儿参 —

Pseudostellaria sylvatica

描述：多年生草本。茎直立，近4棱。叶片线状或披针状线形，顶端渐尖，基部渐狭，中脉明显。开花受精花单生茎顶或成二歧聚伞花序；萼片披针形，绿色，顶端渐尖，边缘白色，膜质，外面被柔毛；花瓣白色，倒卵形，稍长于萼片，顶端浅2裂；雄蕊短于花瓣，花药褐色；花柱2~3枚，长线形，常露出于花瓣；闭花受精花着生下部叶腋或短枝顶端；萼片狭披针形，顶端渐尖。蒴果卵圆形，稍长于宿存萼，3瓣裂。

生境：生于松林或混交林下。

分布：兴隆山景区有分布。

□ **蝇子草属** *Silene*

— **蔓茎蝇子草** —
Silene repens

描述：多年生草本。根茎细长，匍匐；茎疏丛生或单生。叶线状披针形、披针形或倒披针形，基部渐窄，两面被柔毛，具缘毛。聚伞花序顶生或腋生，小聚伞花序对生；苞片披针形；花萼筒状，常带紫色，被柔毛，萼齿卵形，先端钝，边缘膜质，具缘毛；雌雄蕊柄被柔毛；花瓣白色，爪倒披针形，内藏，瓣片平展，倒卵形，2浅裂或深达中部；副花冠长圆形，有时具裂片；雄蕊微伸出；花柱3枚，伸出。蒴果卵圆形，短于宿萼，6齿裂。

生境：生于海拔1500～3500米的林下、湿润草地、溪岸或石质草坡。

分布：马啣山周边地区有分布。

□ 繁缕属 *Stellaria*

— 腺毛繁缕 —
Stellaria nemorum

描述：一年生草本。全株被疏腺柔毛。茎铺散，俯仰，具四棱，
基部稀疏分枝。基生叶卵形，具柄；茎中部叶片长圆状卵
形，顶端渐尖，基部心脏形，全缘，两面被疏柔毛。聚伞
花序顶生；花梗细，被白色柔毛；萼片5枚，披针形，顶
端急尖，外面被疏短柔毛；花瓣白色，2深裂达近基部，
稍长于萼片；雄蕊10枚，稍短于花瓣；花柱3枚，线形。
蒴果卵圆形。

生境：生于海拔2100～2700米的山坡草地。

分布：兴隆山景区草地广泛分布。

苋科
Amaranthaceae

□ 苋属 *Amaranthus*

兴隆山

常见植物图谱

— 反枝苋 —
Amaranthus retroflexus

描述: 一年生草本。茎密被柔毛。叶菱状卵形或椭圆状卵形,先端锐尖或尖凹,具小凸尖,基部楔形,全缘或波状,两面及边缘被柔毛,下面毛较密;叶柄被柔毛。穗状圆锥花序,顶生花穗较侧生者长,苞片钻形;花被片长圆形或长圆状倒卵形,薄膜质,中脉淡绿色,具凸尖;雄蕊较花被片稍长;柱头2~3枚。胞果扁卵形,环状横裂,包在宿存花被片内。

生境: 生于田园、农地旁、人家附近的草地上、瓦房顶。

分布: 兴隆山及周边地区路旁广泛分布。

□ 滨藜属 *Atriplex*

— 中亚滨藜 —
Atriplex centralasiatica

描述： 一年生草本。茎常基部分枝，被粉粒。叶卵状三角形或菱状卵形，具疏锯齿，先端微钝，基部圆或宽楔形，上面灰绿色，无粉粒或稍被粉粒，下面灰白色，密被粉粒。雌雄花混合成簇，腋生；雄花花被5深裂，裂片宽卵形，雄蕊5枚；雌花苞片半圆形，边缘下部合生，近基部中心部鼓胀并木质化，具多数疣状或软棘状附属物，缘部草质，具不等大三角状牙齿。

生境： 生于戈壁、荒地、海滨及盐土荒漠，有时也侵入田间。

分布： 石佛沟景区路旁零星分布。

兴隆山常见植物图谱

兴隆山常见植物图谱

□ 藜属 *Chenopodium*

— 藜 —

Chenopodium album

描述： 一年生草本。茎直立，粗壮，具条棱及绿色或紫红色色条，多分枝；枝条斜升或开展。叶片菱状卵形至宽披针形，先端急尖或微钝，基部楔形至宽楔形，上面通常无粉，有时嫩叶的上面有紫红色粉，下面多少有粉，边缘具不整齐锯齿。花两性，花簇于枝上部排列成大或小的穗状圆锥状或圆锥状花序；花被裂片5枚，先端或微凹，边缘膜质；雄蕊5枚，花药伸出花被，柱头2枚。

生境： 生于路旁、荒地及田间。

分布： 兴隆山及周边地区广泛分布。

□ 藜属 *Chenopodium*

— 灰绿藜 —

Chenopodium glaucum

描述：一年生草本。茎平卧或外倾，具条棱及绿色或紫红色色
条。叶片矩圆状卵形至披针形，肥厚，先端急尖或钝，基
部渐狭，边缘具缺刻状牙齿，上面无粉，平滑，下面有粉
而呈灰白色，有稍带紫红色；中脉明显，黄绿色。花两性
兼有雌性，常数花聚成团伞花序，再于分枝上排列成有间
断而通常短于叶的穗状或圆锥状花序；花被裂片3～4枚，
浅绿色，稍肥厚，通常无粉，狭矩圆形或倒卵状披针形，
先端通常钝；雄蕊1～2枚，花丝不伸出花被；柱头2枚，
极短。

生境：生于农田、菜园、村房、溪边等有轻度盐碱的土壤。

分布：石佛沟景区路旁零星分布。

兴隆山 常见植物图谱

□ 藜属 *Chenopodium*

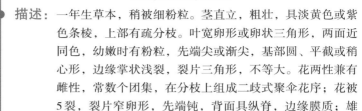

杂配藜
Chenopodium hybridum

描述： 一年生草本，稍被细粉粒。茎直立，粗壮，具淡黄色或紫色条棱，上部有疏分枝。叶宽卵形或卵状三角形，两面近同色，幼嫩时有粉粒，先端尖或渐尖，基部圆、平截或稍心形，边缘掌状浅裂，裂片三角形，不等大。花两性兼有雌性，常数个团集，在分枝上组成二歧式聚伞花序；花被5裂，裂片窄卵形，先端钝，背面具纵脊，边缘膜质；雄蕊5枚。胞果果皮膜质，常有白色斑点，与种子贴生。

生境： 生于林缘、山坡灌丛间、沟沿。

分布： 兴隆山及周边地区广泛分布。

□ **刺藜属** *Dysphania*

— **菊叶香藜** —

Dysphania schraderiana

描述：一年生草本。有强烈气味，全体有具节的疏生短柔毛。茎直立，常分枝。叶片矩圆形，边缘羽状浅裂至羽状深裂，先端钝或渐尖，有时具短尖头，基部渐狭，上面无毛或幼嫩时稍有毛，下面有具节的短柔毛并兼有黄色无柄的颗粒状腺体。复二歧聚伞花序腋生；花两性；花被5深裂；裂片卵形至狭卵形，有狭膜质边缘，背面通常有具刺状突起的纵隆脊并有短柔毛和颗粒状腺体，果时开展；雄蕊5枚，花丝扁平，花药近球形。胞果扁球形，果皮膜质。

生境：生于林缘草地、沟岸、河沿、农田、人家附近。

分布：兴隆山及周边地区广泛分布。

□ 地肤属 *Kochia*

— 地肤 —
Kochia scoparia

兴
隆
山

常
见
植
物
图
谱

● **描述**：一年生草本。被具节长柔毛。茎直立，基部分枝。叶扁平，线状披针形或披针形，先端短渐尖，基部渐窄成短柄，常具3条主脉。花两性兼有雌性，常1～3朵簇生上部叶腋；花被近球形，5深裂，裂片近角形，翅状附属物角形或倒卵形，边缘微波状或具缺刻；雄蕊5枚，花丝丝状；柱头2枚，丝状，花柱极短。胞果扁，果皮膜质，与种子贴伏。

● **生境**：生于田边、路旁、荒地。

● **分布**：兴隆山及周边地区零星分布。

□ **猪毛菜属** *Salsola*

猪毛菜
Salsola collina

描述：一年生草本。疏生短硬毛。茎直立，基部分枝，具绿色或紫红色条纹；枝伸展，生短硬毛或近无毛。叶圆柱状，条形，先端具刺尖，基部稍宽并具膜质边缘，下延。花单生于枝上部苞腋，组成穗状花序；苞片卵形，紧贴于轴，先端渐尖，背面具微隆脊，小苞片窄披针形；花被片卵状披针形，膜质，果时硬化，背面的附属物呈鸡冠状，花被片附属物以上部分近革质，内折，先端膜质；柱头丝状，花柱很短。

生境：生于村边、路边及荒芜场地。

分布：兴隆山及周边地区零星分布。

□ 马齿苋属 *Portulaca*

— 马齿苋 —

Portulaca oleracea

描述：一年生草本。全株无毛。茎平卧或斜倚。叶互生，有时近对生，叶片扁平，肥厚，倒卵形，似马齿状，顶端圆钝或平截，有时微凹，基部楔形，全缘，上面暗绿色，下面淡绿色或带暗红色，中脉微隆起。花常3～5朵簇生枝端；苞片2～6枚，叶状，膜质，近轮生；萼片2枚，对生，绿色；花瓣5枚，稀4枚，黄色，倒卵形，顶端微凹；雄蕊常8枚，花药黄色；花柱比雄蕊稍长，柱头4～6裂，线形。蒴果卵球形，盖裂。

生境：生于菜园、农田、路旁。

分布：兴隆山及周边地区广泛分布。

□ **绣球属** *Hydrangea*

— 东陵绣球 —
Hydrangea bretschneideri

描述： 灌木。叶薄纸质，卵形、长椭圆形或倒长卵形，先端渐尖，具短尖头，基部宽楔形或近圆，有小锯齿，上面无毛或疏被柔毛，下面密被灰白色卷曲长柔毛或后脱落近无毛，侧脉7～8对。伞房状聚伞花序较短小，分枝3条；不育花萼片4枚；孕性花萼筒杯状，萼齿三角形；花瓣分离，白色，卵状披针形或长圆形，基部平截；雄蕊10枚；花柱3枚。蒴果近球形，顶端突出部分圆柱形。

生境： 生于海拔1200～2800米的山谷溪边、山坡密林或疏林中。

分布： 兴隆山景区、石佛沟景区零星分布。

□ 山梅花属 *Philadelphus*

— 甘肃山梅花 —
Philadelphus kansuensis

描述：灌木。叶卵形或卵状椭圆形，花枝上叶较小，先端渐尖，稀急尖，基部圆形或阔楔形，边近全缘或具疏齿，两面均无毛或上面被糙伏毛，下面仅叶脉被长柔毛；叶脉稍离基出 3～5 条。总状花序有花 5～7 朵；花萼紫红色，外面疏被糙伏毛，萼筒钟形，与裂片间无缝纹，裂片卵状三角形，顶端急尖；花瓣白色，长圆状卵形，背面基部疏被柔毛；雄蕊 28～30 枚；花柱上部稍分裂，基部有时被毛，柱头棒形。蒴果倒卵形。

生境：生于海拔 2400～3500 米的灌丛中。

分布：石佛沟景区栈道旁常见分布。

— 沙梾 —

Cornus bretschneideri

描述：灌木或小乔木。叶对生，纸质，卵形、椭圆状卵形或长圆形，先端突尖或短渐尖，基部阔楔形或圆形，上面绿色，有短柔毛，下面灰白色，密被白色贴生短柔毛，中脉在上面稍显明，下面凸出，侧脉5～6对，弓形内弯。伞房状聚伞花序顶生；总花梗细圆柱形；花白色；花萼裂片4枚，尖齿状或尖三角形；花瓣4枚，舌状长卵形；雄蕊4枚，着生于花盘外侧，伸出花外，花药淡黄白；花柱圆柱形。核果蓝黑色至黑色，近球形，密被贴生短柔毛。

生境：生于海拔1100～2300米的杂木林或灌丛中。

分布：石佛沟景区栈道旁有分布。

□— 凤仙花属 *Impatiens*

— 水金凤 —
Impatiens noli-tangere

兴隆山 常见植物图谱

- **描述**：一年生草本。茎较粗壮，上部多分枝，下部节常膨大。叶互生；叶片卵形或卵状椭圆形，边缘有粗圆齿状齿，齿端具小尖。总花梗2～4朵花成总状花序；花梗中上部有1枚草质苞片，宿存；花黄色；侧生2枚萼片卵形或宽卵形；旗瓣圆形或近圆形先端微凹，背面中肋具绿色鸡冠状突起，顶端具短喙尖；翼瓣2裂，下部裂片小，长圆形，上部裂片宽斧形，近基部散生橙红色斑点，外缘近基部具小耳；唇瓣宽漏斗状，喉部散生橙红色斑点，基部渐狭成距；雄蕊5枚。蒴果线状圆柱形。

- **生境**：生于海拔900～2400米的山坡林下、林缘草地或沟边。

- **分布**：兴隆山景区林下常见分布。

□ 花葱属 *Polemonium*

中华花葱

Polemonium chinense

描述： 多年生草本。茎直立，无毛或被疏柔毛。羽状复叶互生，小叶互生，11～21片，长卵形至披针形，顶端锐尖或渐尖，基部近圆形，全缘。圆锥花序疏散；花萼钟状，被短的或疏长腺毛，裂片长卵形、长圆形或卵状披针形，顶端锐尖或钝头，稀钝圆；花冠紫蓝色，钟状，通常较小，裂片倒卵形，顶端圆或偶有渐狭或略尖；花柱和雄蕊伸出花冠外。蒴果卵形。

生境： 生于潮湿草丛、河边、沟边林下、山谷密林或山坡路旁杂草间。

分布： 石佛沟景区栈道旁有分布。

点地梅属 *Androsace*

— 直立点地梅 —
Androsace erecta

描述： 一年生或二年生草本。茎直立，被柔毛。基生叶常早枯，茎生叶互生；叶椭圆形或卵状椭圆形，先端锐尖或稍钝，具软骨质骤尖头，基部短渐窄或近圆，边缘增厚，软骨质，两面均被柔毛。伞形花序多花，常生于无叶的枝端；苞片卵形或卵状披针形，叶状；花梗疏被短柄腺体；花萼钟状，分裂达中部，裂片三角形，具小尖头；花冠白或粉红色，裂片小，长圆形，微伸出花萼。蒴果长圆形，稍长于花萼。

生境： 生于海拔2700～3500米的干旱山坡、山坡草地及河滩。

分布： 石佛沟景区、马啣山周边地区常见分布。

□ **点地梅属** *Androsace*

— **小点地梅** —
Androsace gmelinii

描述： 一年生小草本。叶基生，叶片近圆形或圆肾形，基部心形或深心形，边缘具7~9枚圆齿，两面疏被贴伏的柔毛。花葶柔弱，被开展的长柔毛；伞形花序2~3朵花；苞片小，披针形或卵状披针形，先端锐尖；花萼钟状或阔钟状，分裂约达中部，裂片卵形或卵状三角形，先端锐尖，果期略开张或稍反折；花冠白色，与花萼近等长或稍伸出花萼，裂片长圆形，先端钝或微凹。蒴果近球形。

生境： 生于河岸湿地、山地沟谷和林缘草甸。

分布： 兴隆山景区、马啣山周边地区有分布。

点地梅属 *Androsace*

— 西藏点地梅 —
Androsace mariae

描述：多年生草本。叶丛通常形成密丛；叶2型：外层叶无柄，舌状或匙形，先端尖；内层叶近无柄，匙形或倒卵状椭圆形，先端尖或近圆而具骤尖头，基部渐窄，边缘软骨质，具缘毛。花莛被硬毛或腺体；伞形花序2～7朵花；苞片披针形或线形；花萼分裂达中部，裂片三角形；花冠粉红或白色，裂片楔状倒卵形，先端略呈波状。

生境：生于海拔1800～4000米的山坡草地、林缘和砂石地。

分布：马啣山及周边地区广泛分布。

□ 报春花属 *Primula*

— **散布报春** —
Primula conspersa

● 描述：多年生草本。叶椭圆形、狭矩圆形或披针形，先端圆形或
钝，基部渐狭窄，边缘具整齐的牙齿；叶柄具狭翅。花莛
直立，近顶端被粉质腺体；伞形花序1～2轮，每轮5～15
朵花；苞片线状披针形；花梗纤细，被粉质腺体；花萼钟
状，外面被粉质腺体，分裂约达中部；花冠蓝紫色或淡蓝
色，冠筒口周围橙黄色，冠檐裂片先端具深凹缺。蒴果长
圆形。

● 生境：生于海拔2700～3000米的湿草地和林缘、灌丛。

● 分布：马啣山周边地区零星分布。

□ **报春花属** *Primula*

— 天山报春 —

Primula nutans

描述： 多年生草本。全株无粉。叶丛生；叶柄通常与叶片近等长，有时长于叶片 1～3 倍；叶卵形、长圆形或近圆形，全缘或微具浅齿，鲜时稍肉质。花葶高 10～25 厘米；伞形花序 2～6 朵花；苞片长圆形，基部具垂耳状附属物；花萼钟状；具 5 条棱，分裂达全长 1/3，裂片长圆形或三角形，边缘密被小腺毛；花冠粉红色；冠筒长 0.6～1 厘米，冠檐径 1～2 厘米，裂片倒卵形，先端 2 深裂。蒴果筒状。

生境： 生于海拔 590～3800 米的湿草地和草甸。

分布： 马啣山周边地区常见分布。

□ 报春花属 *Primula*

— **黄甘青报春** —

Primula tangutica var. flavescens

- **描述**：多年生草本。全株无粉。叶丛基部无鳞片，叶柄不明显或长达叶片1/2，稀与叶片等长；叶椭圆形、椭圆状倒披针形或倒披针形，先端钝圆或稍尖，基部渐窄，具小牙齿，稀近全缘。伞形花序1～3轮，每轮5～9朵花；花梗被微柔毛；花萼筒状，分裂达全长1/3～1/2，裂片三角形或披针形；花冠黄绿或淡红色，冠筒与花萼近等长或长于花萼；裂片线形，向外反折。蒴果筒状，长于花萼。

- **生境**：生于海拔3800～4400米的山坡湿草地和杜鹃林下。

- **分布**：马啣山及周边地区广泛分布。

兴隆山常见植物图谱

□ 报春花属 *Primula*

— 岷山报春 —
Primula woodwardii

描述： 多年生草本。叶丛基部由鳞片、叶柄包叠成假茎状；叶披针形、矩圆状披针形或倒披针形，先端锐尖或钝，基部渐狭窄，边缘具小圆齿或近全缘，厚纸质，中肋宽扁，侧脉不明显；叶柄具宽翅。伞形花序1轮，具3～15朵花；苞片线状披针形；花萼狭钟状，裂片披针形，先端锐尖或稍钝；花冠蓝紫色，淡紫红色或淡紫色，筒部颜色较深，裂片披针形或窄矩圆形。蒴果筒状。

生境： 生于湿草地、山沟中、高山草甸及灌丛。

分布： 马啣山常见分布。

□ 藤山柳属 *Clematoclethra*

— 猕猴桃藤山柳 —

Clematoclethra scandens subsp. actinidioides

描述： 落叶木质藤本。叶卵形或椭圆形，顶端渐尖，基部阔楔形、圆形或微心形，叶缘具纤毛状齿，很少全缘，腹面无毛，深绿色，背面粉绿色，无毛或仅在脉腋上有髯毛，叶干后腹面枯褐色。花序柄被微柔毛，具1～3朵花；小苞片披针形；花白色；萼片倒卵形；花瓣长6～8毫米，宽4毫米。果近球形，熟时紫红色或黑色。

生境： 生于海拔2300～3000米的山地沟谷林缘或灌丛中。

分布： 石佛沟景区栈道旁有分布。

北极果属 Arctous

红北极果
Arctous ruber

描述： 落叶矮小灌木。茎匍匐于地面。叶簇生枝顶，纸质，倒披针形或倒狭卵形，先端钝或突尖，向基部渐变狭，下延于叶柄，边缘具粗钝锯齿，疏被缘毛，表面亮绿色，背面较淡；叶柄疏被白色长毛。花常1～3朵成总状花序；苞片披针形；花萼小，5裂，花冠卵状坛形，淡黄绿色；口部5浅裂；雄蕊10枚；子房无毛，花柱无毛。浆果球形，无毛，有光泽，成熟时鲜红色，多汁。

生境： 生于海拔2900～3800米的灌丛、高山山坡。

分布： 马㘄山周边地区有分布。

□ 鹿蹄草属 *Pyrola*

— 鹿蹄草 —

Pyrola calliantha

描述： 常绿草本状小亚灌木。叶4～7枚，基生，革质，椭圆形或圆卵形，稀近圆形，近全缘或有疏齿，下面常有白霜，有时带紫色。总状花序有9～13朵花，密生，花倾斜，稍下垂；花冠白色，有时稍带淡红色；花梗腋间有长舌形苞片；萼片舌形，近全缘；花瓣椭圆形或倒卵形；雄蕊10枚；花柱近直立或上部稍向上弯曲，顶端增粗，有不明显环状突起。蒴果扁球形。

生境： 生于海拔700～4100米的山地针叶林、针阔叶混交林或阔叶林、杜鹃灌丛。

分布： 马啣山周边地区山顶有分布。

兴隆山
常见植物图谱

□ **杜鹃属** *Rhododendron*

— 烈香杜鹃 —
Rhododendron anthopogonoides

● 描述：常绿灌木。叶芳香，革质，卵状椭圆形、宽椭圆形至卵形，顶端圆钝具小突尖头，基部圆或稍截形，上面蓝绿色，无光泽，疏被鳞片或无。花序头状顶生，有花10～20朵；花萼发达，淡黄红色或淡绿色，裂片长圆状倒卵形或椭圆状卵形，边缘蚀痕状；花冠狭筒状漏斗形，淡黄绿或绿白色，罕粉色，有浓烈的芳香，花管内面特别在喉部密被髯毛，裂片开展。

● 生境：生于高山山坡、山地林下、山顶灌丛。

● 分布：马啣山及周边地区有分布。

杜鹃属 *Rhododendron*

— 陇蜀杜鹃 —

Rhododendron przewalskii

描述： 常绿灌木。叶革质，常集生于枝端，叶片卵状椭圆形至椭圆形，先端钝，具小尖头，基部圆形或略呈心形，上面深绿色，侧脉11～12对，下面初被薄层灰白色、黄棕色至锈黄色，多少黏结的毛被，由具长芒的分枝毛组成，以后毛陆续脱落，变为无毛。顶生伞房状伞形花序，有花10～15朵；花萼小，具5个半圆形齿裂；花冠钟形，白色至粉红色，筒部上方具紫红色斑点，裂片5枚；雄蕊10枚，不等长；花柱无毛，柱头头状。蒴果长圆柱形。

生境： 生于海拔2900～4300米的高山林地、山顶灌丛，常成林。

分布： 马啣山及周边地区成片分布。

□ 拉拉藤属 *Galium*

— 北方拉拉藤 —
Galium boreale

描述： 多年生直立草本。茎4棱。叶4片轮生，窄披针形或线状披针形，先端钝或稍尖，基部楔形或近圆，边缘常稍反卷，两面无毛，边缘有微毛，基出脉3条，在上面常凹下；无柄或柄极短。聚伞花序顶生和生于上部叶腋，常在枝顶组成圆锥花序式，密花；萼被毛；花冠白或淡黄色，辐状，裂片卵状披针形。果爿单生或双生，密被白色稍弯糙硬毛。

生境： 生于山坡、沟旁、草地的草丛、灌丛或林下。

分布： 石佛沟景区零星分布。

□ 拉拉藤属 *Galium*

— 车轴草 —

Galium odoratum

描述：多年生草本。茎直立，具4角棱。叶纸质，6～10片轮生，倒披针形、长圆状披针形或狭椭圆形，下部叶较小，顶端短尖或渐尖，或钝而有短尖头，基部渐狭。伞房式聚伞花序顶生；苞片在花序基部4～6片，披针形；花冠白色或蓝白色，短漏斗状，花冠裂片4，长圆形，比冠管长；雄蕊4枚；花柱短，2深裂，柱头球形。果爿双生或单生，球形，密被钩毛。

生境：生于山地林中或灌丛。

分布：兴隆山景区常见分布。

□ 拉拉藤属 *Galium*

— 猪殃殃 —

Galium spurium

● 描述：多枝、蔓生或攀缘状草本。茎有4棱角。棱上、叶缘、叶脉上均有倒生的小刺毛；叶纸质或近膜质，6～8片轮生，稀为4～5片，带状倒披针形或长圆状倒披针形，顶端有针状凸尖头，基部渐狭，两面常有紧贴的刺状毛，常萎软状，1条脉。聚伞花序腋生或顶生，花小，4数；花萼被钩毛，萼檐近截平；花冠黄绿色或白色，辐状，裂片长圆形，镊合状排列；花柱2裂至中部。果干燥，有1或2个近球状的分果爿，密被钩毛。

● 生境：生于海拔350～4300米的山坡、旷野、沟边、湖边、林缘、草地。

● 分布：兴隆山景区常见分布。

□ 拉拉藤属 *Galium*

— 蓬子菜 —
Galium verum

描述：多年生近直立草本。茎4棱。叶6～10片轮生，线形，顶端短尖，边缘极反卷，常卷成管状，1条脉，无柄。聚伞花序顶生和腋生，较大，多花，通常在枝顶结成圆锥花序状；总花梗密被短柔毛；花小，稠密；花冠黄色，辐状，花冠裂片卵形或长圆形，顶端稍钝；花药黄色；花柱顶部2裂。果小，果爿双生，近球状。

生境：生于山地、山坡、河滩、旷野、沟边、草地、灌丛或林下。

分布：马啣山周边地区常见分布。

兴隆山 常见植物图谱

□ **茜草属** *Rubia*

— **林生茜草** —
Rubia sylvatica

● 描述： 多年生草质攀援藤本。茎、枝细长，方柱形，有4棱，棱上有微小的皮刺。叶4～10片，很少11～12片，轮生，膜状纸质，卵圆形至近圆，顶端长渐尖或尾尖，基部深心形，后裂片耳形，边缘有微小皮刺，两面粗糙；基出脉5～7条，纤细，有微小皮刺。聚伞花序腋生和顶生，通常有花10余朵，总花梗、花序轴及其分枝均纤细，粗糙；花冠淡黄色。果球形，成熟时黑色，单生或双生。

● 生境： 多生于较潮湿的林中或林缘。

● 分布： 石佛沟景区常见分布。

□ 喉毛花属 *Comastoma*

— 镰萼喉毛花 —

Comastoma falcatum

描述：一年生草本。茎从基部分枝，分枝斜升，上部伸长。叶大部分基生，叶片矩圆状匙形或矩圆形，先端钝或圆形，基部渐狭成柄，叶脉1~3条；茎生叶常矩圆形，先端钝。花5数，单生分枝顶端；花萼裂片不整齐，形状多变，常为卵状披针形，弯曲成镰状；花冠蓝色、深蓝色或蓝紫色，有深色脉纹，高脚杯状，冠筒筒状，裂达中部，裂片矩圆形或矩圆状匙形，先端钝圆，偶有小尖头，全缘，开展，喉部具一圈副冠，副冠白色，10束，流苏状裂片的先端圆形或钝。

生境：生于海拔2100~5300米的河滩、山坡草地、林下、灌丛、高山草甸。

分布：马啣山及周边地区零星分布。

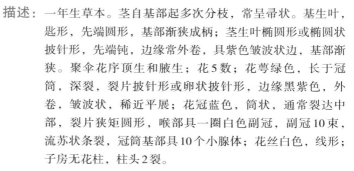

喉毛花属 *Comastoma*

— 皱边喉毛花 —
Comastoma polycladum

兴隆山常见植物图谱

描述：一年生草本。茎自基部起多次分枝，常呈帚状。基生叶，匙形，先端圆形，基部渐狭成柄；茎生叶椭圆形或椭圆状披针形，先端钝，边缘常外卷，具紫色皱波状边，基部渐狭。聚伞花序顶生和腋生；花5数；花萼绿色，长于冠筒，深裂，裂片披针形或卵状披针形，边缘黑紫色，外卷，皱波状，稀近平展；花冠蓝色，筒状，通常裂达中部，裂片狭矩圆形，喉部具一圈白色副冠，副冠10束，流苏状条裂，冠筒基部具10个小腺体；花丝白色，线形；子房无花柱，柱头2裂。

生境：生于海拔100～4500米的山坡草地、河滩、山顶潮湿地。

分布：马啣山及周边地区零星分布。

□ **喉毛花属** *Comastoma*

— 喉毛花 —

Comastoma pulmonarium

描述： 一年生草本。茎直立，分枝，稀不分枝。基生叶少数，长圆形或长圆状匙形，先端圆；茎生叶卵状披针形，茎上部及分枝叶小，半抱茎。聚伞花序或单花顶生；花5数；花萼开展，长约花冠1/4，裂片卵状三角形、披针形或窄椭圆形，先端尖，边缘被糙毛花冠淡蓝色，具深蓝色脉纹，筒形或宽筒形，浅裂，裂片直伸，椭圆状三角形、卵状椭圆形或卵状三角形，喉部具一圈白色副冠，副冠5束，上部流苏状裂片先端尖；花丝疏被柔毛。

生境： 生于海拔3000～4800米的河滩、山坡草地、林下、灌丛及高山草甸。

分布： 马啣山及周边地区常见分布。

— 高山龙胆 —

Gentiana algida

描述： 多年生草本。茎2～4丛生。叶多基生，线状椭圆形或线状披针形；茎生叶1～3对，窄椭圆形或椭圆状披针形，花1～3（～5）朵，顶生；花萼钟形或倒锥形，萼筒膜质，萼齿线状披针形或窄长圆形；花冠黄白色，具深蓝色斑点，筒状钟形或漏斗形，裂片三角形或卵状三角形，褶偏斜，平截。蒴果椭圆状披针形。

生境： 生于海拔1200～5300米的山坡草地、河滩草地、灌丛、林下、高山冻原。

分布： 兴隆山有分布。

— 开张龙胆 —

Gentiana aperta

描述：一年生草本。叶边缘具不明显的膜质，平滑；基生叶卵形；茎生叶卵形至椭圆形。花单生于小枝顶端；花萼钟形，萼筒具5条膜质纵纹，裂片披针形或线状披针形，有时在背面呈脊状突起，并下延至萼筒上部，弯缺截形；花冠开张，淡蓝色或蓝色，具深蓝色宽条纹，喉部具黄绿色斑点，钟形，褶矩圆形，上部2深裂，小裂片先端急尖，全缘；花丝钻形；子房椭圆形，先端钝，基部渐狭，花柱线形，柱头2裂，裂片线形。蒴果矩圆状匙形，具宽翅，两侧边缘具狭翅。

生境：生于海拔2000～4000米的山坡草地、山麓草地、灌丛中及河滩。

分布：马啣山周边地区有分布。

龙胆属 *Gentiana*

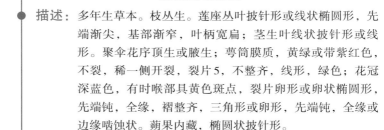

— 达乌里秦艽 —
Gentiana dahurica

描述： 多年生草本。枝丛生。莲座丛叶披针形或线状椭圆形，先端渐尖，基部渐窄，叶柄宽扁；茎生叶线状披针形或线形。聚伞花序顶生或腋生；萼筒膜质，黄绿或带紫红色，不裂，稀一侧开裂，裂片5，不整齐，线形，绿色；花冠深蓝色，有时喉部具黄色斑点，裂片卵形或卵状椭圆形，先端钝，全缘，褶整齐，三角形或卵形，先端钝，全缘或边缘啮蚀状。蒴果内藏，椭圆状披针形。

生境： 生于田边、路旁、河滩、湖边沙地、水沟边、向阳山坡及干草原。

分布： 兴隆山、石佛沟、马啣山及周边地区常见分布。

兴隆山常见植物图谱

□ 龙胆属 *Gentiana*

— 线叶龙胆 —

Gentiana lawrencei var. farreri

● 描述：多年生草本。叶先端急尖；莲座丛叶披针形；茎生叶多对，愈向茎上部叶愈密、愈长，下部叶狭矩圆形；中、上部叶常线形。花单生于枝顶，基部包围于上部茎生叶丛中；花萼筒紫色或黄绿色，筒形，裂片与上部叶同形，弯缺截形；花冠上部亮蓝色，下部黄绿色，具蓝色条纹，无斑点，倒锥状筒形，裂片卵状三角形，褶宽卵形，边缘啮蚀形；花丝钻形；子房线形，花柱线形，柱头2裂，裂片外卷，线形。蒴果内藏，椭圆形。

● 生境：生于海拔2410～4600米的高山草甸、灌丛中及滩地。

● 分布：马啣山山顶广泛分布。

□── 龙胆属 *Gentiana*

— 黄管秦艽 —
Gentiana officinalis

兴隆山常见植物图谱

描述：多年生草本。莲座丛叶披针形或椭圆状披针形，先端渐尖，基部渐狭，叶脉3～7条；茎生叶披针形，稀卵状披针形，先端渐尖，稀急尖，基部钝，叶脉1～3条，愈向茎上部叶愈小。花簇生枝顶呈头状或腋生作轮状；萼筒膜质，黄绿色，一侧开裂呈佛焰苞状，先端截形或圆形，裂片5个，不明显或线形；花冠黄绿色，具蓝色细条纹或斑点，筒形，裂片卵形或卵圆形，先端钝圆，全缘，褶偏斜，三角形，先端急尖，全缘。

生境：生于高山草甸、灌丛、山坡草地、河滩及地边。

分布：石佛沟、马啣山周边地区有分布。

□ **龙胆属** *Gentiana*

— **岷县龙胆** —
Gentiana purdomii

描述：多年生草本。枝2～4个丛生，其中只有1～3个营养枝及1个花枝，花枝直立，低矮或较高，黄绿色，光滑。叶大部分基生，线状椭圆形，稀狭矩圆形，先端钝，基部渐狭，中脉在两面明显，并在下面突起；茎生叶1～2对，狭矩圆形，先端钝。花1～8朵，顶生和腋生；花萼倒锥形，裂片稍不整齐；花冠淡黄色，具蓝灰色宽条纹和细短条纹，筒状钟形或漏斗形，裂片宽卵形，先端钝圆，边缘有不整齐细齿，褶偏斜，截形；雄蕊着生于冠筒中部，花丝丝状钻形。

生境：生于海拔2700～5300米的高山草甸、山顶流石滩。

分布：马啣山周边地区有分布。

龙胆属 *Gentiana*

— 管花秦艽 —

Gentiana siphonantha

- **描述：** 多年生草本。莲座丛叶线形，稀宽线形；茎生叶与莲座丛叶相似。花簇生枝顶及叶腋呈头状；花无梗；萼筒带紫红色，萼齿不整齐，丝状或钻形；花冠深蓝色，筒状钟形，裂片长圆形，褶窄三角形；全缘或2裂。

- **生境：** 生于海拔1800～4500米的草原、草甸、灌丛及河滩。

- **分布：** 马啣山及周边地区有分布。

龙胆属 *Gentiana*

龙胆科 Gentianaceae

— 匙叶龙胆 —

Gentiana spathulifolia

描述：一年生草本。茎紫红色密被乳突。基生叶宽卵形或圆形，边缘软骨质；茎生叶匙形，先端三角状尖。花单生枝顶。花梗紫红色；花萼漏斗形，裂片三角状披针形，先端尖；边缘膜质；花冠紫红色，漏斗形，裂片卵形，褶卵形，先端2浅裂或不裂；雄蕊生于花冠筒中下部，花丝丝状钻形；子房椭圆形，花柱线形，柱头2裂。蒴果长圆状匙形，顶端具宽翅，两侧具窄翅。

生境：生于海拔2800～3800米的草地、山坡。

分布：马啣山周边地区常见分布。

297

兴隆山 常见植物图谱

□ 龙胆属 *Gentiana*

— 鳞叶龙胆 —

Gentiana squarrosa

描述：一年生矮小草本。茎基部多分枝。叶缘厚软骨质，叶柄白色膜质；基生叶卵形、宽卵形或卵状椭圆形；茎生叶倒卵状匙形或匙形。花单生枝顶；花萼倒锥状筒形，被细乳突，裂片外反，卵圆形或卵形，基部圆，缢缩成爪，边缘软骨质，密被细乳突；花冠蓝色，筒状漏斗形，裂片卵状三角形，褶卵形，全缘或具细齿。蒴果倒卵状长圆形，顶端具宽翅，两侧具窄翅。

生境：生于山坡、山谷、山顶、干草原、河滩、荒地、路边、灌丛中及高山草甸。

分布：兴隆山及周边地区常见分布。

龙胆属 *Gentiana*

— 条纹龙胆 —
Gentiana striata

描述：一年生草本。茎生叶无柄，稀疏，长三角状披针形或卵状披针形，先端渐尖，基部圆形或平截，抱茎呈短鞘。花单生茎顶；花萼钟形，萼筒具狭翅，裂片披针形，先端尖，中脉突起下延呈翅；花冠淡黄色，有黑色纵条纹，裂片卵形，先端具尾尖、褶偏斜，截形，边缘具不整齐齿裂；花药淡黄色；子房矩圆形，花柱线形，柱头线形，2裂，反卷。蒴果矩圆形，扁平；种子褐色，三棱状，沿棱具翅。

生境：生于海拔2200～3900米的山坡草地及灌丛中。

分布：马啣山周边地区零星分布。

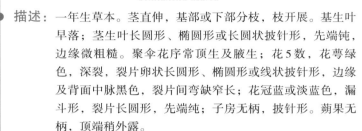

□ 假龙胆属 *Gentianella*

—— 黑边假龙胆 ——
Gentianella azurea

描述：一年生草本。茎直伸，基部或下部分枝，枝开展。基生叶早落；茎生叶长圆形、椭圆形或长圆状披针形，先端钝，边缘微粗糙。聚伞花序常顶生及腋生；花5数，花萼绿色，深裂，裂片卵状长圆形、椭圆形或线状披针形，边缘及背面中脉黑色，裂片间弯缺窄长；花冠蓝或淡蓝色，漏斗形，裂片长圆形，先端纯；子房无柄，披针形。蒴果无柄，顶端稍外露。

生境：生于海拔2280～4850米的山坡草地、林下、灌丛中、高山草甸。

分布：马唧山周边地区零星分布。

□ 扁蕾属 *Gentianopsis*

— 扁蕾 —

Gentianopsis barbata

描述： 一年生或二年生草本。茎单生，上部分枝，具棱。基生叶匙形或线状倒披针形，先端圆，边缘被乳突；茎生叶窄披针形或线形，先端渐尖，边缘被乳突。花单生茎枝顶端；花萼筒状，稍短于花冠，裂片边缘具白色膜质，外对线状披针形，先端尾尖，内对卵状披针形，先端渐尖；花冠筒状漏斗形，冠筒黄白色，冠檐蓝或淡蓝色，裂片椭圆形，先端圆，具小尖头，边缘具小齿，下部两侧具短细条裂齿；花柱短。蒴果具短柄，与花冠等长。

生境： 生于海拔700～4400米的水沟边、山坡草地、林下、灌丛、沙丘边缘。

分布： 兴隆山景区有分布。

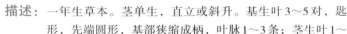

扁蕾属 *Gentianopsis*

— 湿生扁蕾 —
Gentianopsis paludosa

兴隆山 常见植物图谱

描述： 一年生草本。茎单生，直立或斜升。基生叶3～5对，匙形，先端圆形，基部狭缩成柄，叶脉1～3条；茎生叶1～4对，矩圆形或椭圆状披针形，先端钝，基部钝，离生。花单生茎及分枝顶端；花梗直立，果期略伸长；花萼筒形，长为花冠的一半，裂片近等长，全部裂片先端急尖，向萼筒下延成翅；花冠蓝色，或下部黄白色，上部蓝色，宽筒形，裂片宽矩圆形，先端圆形。蒴果具长柄，椭圆形。

生境： 生于海拔1180～4900米的河滩、山坡草地、林下。

分布： 兴隆山、石佛沟、马啣山常见分布。

□ 花锚属 *Halenia*

— 椭圆叶花锚 —
Halenia elliptica

描述：一年生草本。茎直立，无毛、四棱形。基生叶椭圆形，有时略呈圆形，先端圆形或急尖呈钝头，基部渐狭呈宽楔形，全缘，叶脉3条；茎生叶卵形、椭圆形、长椭圆形或卵状披针形，先端圆钝或急尖，基部圆形或宽楔形，全缘，叶脉5条。聚伞花序腋生和顶生；花4数；花萼裂片椭圆形或卵形；花冠蓝色或紫色，裂片卵圆形或椭圆形，先端具小尖头，距向外水平开展。蒴果宽卵形，淡褐色。

生境：生于高山林下及林缘、山坡草地、灌丛中、山谷水沟边。

分布：兴隆山景区西山、马啣山及周边地区广泛分布。

肋柱花属 *Lomatogonium*

— 辐状肋柱花 —
Lomatogonium rotatum

兴隆山 常见植物图谱

描述：一年生草本。茎不分枝或基部少分枝。叶窄长披针形、披针形或线形，先端尖，基部楔形，半抱茎；无柄。花5数，顶生及腋生；花萼裂片线形或线状披针形，稍不整齐，先端尖；花冠淡蓝色，具深色脉纹，裂片椭圆状披针形或椭圆形，基部两侧各具1个管形腺窝，边缘具不整齐裂片状流苏；花药蓝色，窄长圆形。蒴果窄椭圆形或倒披针状椭圆形。

生境：生于海拔1400～4200米的水沟边、灌丛、山坡草地。

分布：马啣山周边地区常见分布。

— 二叶獐牙菜 —

Swertia bifolia

描述： 多年生草本。茎直伸，不分枝。基生叶1～2对，长圆形或卵状长圆形，先端钝或圆，基部楔形；茎中部无叶；最上部叶2～3对，卵形或卵状三角形。聚伞花序具2～8朵花；花5数；花萼有时带蓝色，裂片披针形或卵形；先端渐尖；花冠蓝或深蓝色，裂片椭圆状披针形或窄椭圆形，全缘或边缘啮蚀状，基部具2腺窝，顶端被长柔毛状流苏；花丝线形，基部背面被流苏状短毛，花药蓝色，窄长圆形；花柱不明显。蒴果披针形，顶端外露。

生境： 生于海拔2850～4300米的高山草甸、灌丛草甸、沼泽草甸、林下。

分布： 马啣山周边地区零星分布。

□ 獐牙菜属 *Swertia*

— 歧伞獐牙菜 —
Swertia dichotoma

兴隆山 常见植物图谱

描述： 一年生草本。茎细弱，四棱形，棱上有狭翅，从基部作二歧式分枝。叶片匙形，先端圆形，基部钝，叶脉3~5条，明显；中上部叶无柄或有短柄，叶片卵状披针形，先端急尖，基部近圆形或宽楔形，叶脉1~3条。聚伞花序顶生或腋生；花梗有狭翅；花萼绿色，裂片宽卵形，先端锐尖；花冠白色，带紫红色，裂片卵形，先端钝，中下部具2个腺窝，腺窝黄褐色；花丝基部背面两侧具流苏状长柔毛，花药蓝色；花柱短，柱头小，2裂。蒴果椭圆状卵形。

生境： 生于海拔1050~3100米的河边、山坡、林缘、林下、路旁。

分布： 兴隆山景区、石佛沟景区零星分布。

□ 獐牙菜属 *Swertia*

— **红直獐牙菜** —

Swertia erythrosticta

描述： 多年生草本。茎直伸、不分枝。基生叶花期枯萎；茎生叶对生，多对，长圆形、卵状椭圆形或卵形，先端钝，稀渐尖，基部渐窄成柄，叶柄扁平，下部连合成筒状抱茎。圆锥状复聚伞花序，具多花；花梗常弯垂；花5数；萼裂片窄披针形，先端渐尖；花冠绿或黄绿色，具红褐色斑点，裂片长圆形或卵状长圆形，先端钝，基部具1个褐色圆形腺窝，边缘被柔毛状流苏；花丝基部背面被流苏状柔毛；花柱圆柱状。

生境： 生于河滩、干草原、灌丛、高山草甸及疏林下。

分布： 马䯀山周边地区有分布。

□ 獐牙菜属 *Swertia*

— 四数獐牙菜 —
Swertia tetraptera

描述：一年生草本。基生叶（在花期枯萎）与茎下部叶具长柄，叶片矩圆形或椭圆形；茎中上部叶卵状披针形，先端急尖，基部近圆形，半抱茎，叶脉3～5条；分枝的叶较小。圆锥状复聚伞花序或聚伞花序多花；花4数，呈明显的大小两类；大花的花萼绿色，叶状，先端急尖，基部稍狭缩，花冠黄绿色，有时带蓝紫色，裂片啮蚀状，下部具2个腺窝，内侧边缘具短裂片状流苏；小花的花萼裂片宽卵形，先端钝，具小尖头，花冠黄绿色，常闭合，啮蚀状，腺窝常不明显。

生境：生于海拔2000～4000米的潮湿山坡、河滩、灌丛中、疏林下。

分布：马啣山周边地区有分布。

□— 牛舌草属 *Anchusa*

— 狼紫草 —
Anchusa ovata

描述：一年生草本。茎常自下部分枝。基生叶和茎下部叶有柄，其余无柄，倒披针形至线状长圆形，边缘有微波状小牙齿。苞片卵形至线状披针形；花萼5裂至基部，裂片钻形；花冠蓝紫色，有时紫红色，无毛，筒下部稍膝曲，裂片开展，宽度稍大于长度，附属物疣状至鳞片状，密生短毛；雄蕊着生花冠筒中部之下，花丝极短；柱头球形，2裂。小坚果肾形，淡褐色，表面有网状皱纹和小疣点。

生境：生于山坡、河滩、田边。

分布：石佛沟景区常见分布。

糙草属 *Asperugo*

— 糙草 —

Asperugo procumbens

描述： 一年生蔓生草本。茎细，被糙硬毛，中空，具5纵棱，沿棱被短倒钩刺。叶互生，下部茎生叶匙形或窄长圆形，全缘或具齿。花小，无梗或具短梗，单生或簇生叶腋；花萼5裂至中部稍下，裂片线状披针形，裂片之间具2枚小齿，花后不规则增大，两侧扁，稍蚌壳状，具不整齐锯齿；花冠蓝紫或白色，筒状，冠筒稍长于冠檐，冠檐5裂，裂片卵形或宽卵形，喉部具疣状附属物；雄蕊5枚，内藏，花丝极短；子房4裂，花柱内藏，柱头头状；雌蕊基钻形。小坚果窄卵圆形，具疣状突起。

生境： 生于海拔2000米以上的山地草坡、村旁、田边。

分布： 马啣山及周边地区常见分布。

— 狭苞斑种草 —
Bothriospermum kusnezowii

描述： 二年生或一年生草本。茎常数条，直立或外倾，下部分枝。基生叶倒披针形或匙形，先端钝，基部渐窄，边缘波状；茎生叶窄椭圆形或线状倒披针形。聚伞花序；苞片线形或线状披针形；花萼裂至近基部，两面被毛，裂片线状披针形或卵状披针形；花冠钟状，淡蓝或蓝紫色，裂片近圆形，具脉，喉部附属物梯形，先端微 2 裂；雄蕊生于花冠筒基部以上 1 毫米处；花柱极短。小坚果椭圆形，腹面稍内弯。

生境： 生于海拔 830～2500 米的山坡道旁、干旱农田及山谷林缘。

分布： 石佛沟景区路旁常见分布。

兴隆山常见植物图谱

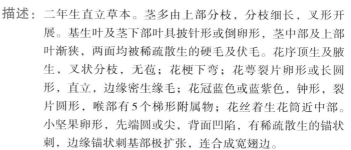

□ 琉璃草属 *Cynoglossum*

— 西南琉璃草 —
Cynoglossum wallichii

● 描述：二年生直立草本。茎多由上部分枝，分枝细长，叉形开
展。基生叶及茎下部叶具披针形或倒卵形，茎中部及上部
叶渐狭，两面均被稀疏散生的硬毛及伏毛。花序顶生及腋
生，叉状分枝，无苞；花梗下弯；花萼裂片卵形或长圆
形，直立，边缘密生缘毛；花冠蓝色或蓝紫色，钟形，裂
片圆形，喉部有 5 个梯形附属物；花丝着生花筒近中部。
小坚果卵形，先端圆或尖，背面凹陷，有稀疏散生的锚状
刺，边缘锚状刺基部极扩张，连合成宽翅边。

● 生境：生于海拔 1300～3600 米的山坡草地、荒野路边及密林阴
湿处。

● 分布：马啣山及周边地区草地常见分布。

□ 微孔草属 *Microula*

— 大花甘青微孔草 —

Microula pseudotrichocarpa var. grandiflora

描述：草本。茎直立或渐升，有稀疏糙伏毛和稍密的开展刚毛。基生叶和茎下部叶有长柄，披针状长圆形或匙状狭倒披针形。花序腋生或顶生，果期常伸长，长达1.5厘米；苞片披针形至狭椭圆形；花萼长2～2.5毫米，两面被短伏毛，外面散生少数长硬毛，5裂近基部，裂片线状三角形；花冠蓝色，无毛，檐部直径7～9毫米。小坚果卵形，长约2毫米，宽约1.2毫米，有小瘤状突起和极短的毛，背孔长圆形，着生面位于腹面近中部处。与甘青微孔草的区别：花较大，花冠檐部直径7～9毫米。

生境：生于海拔3000～4600米高山草地、林下。

分布：马啣山、石佛沟景区路旁有分布。

兴隆山常见植物图谱

□ 微孔草属 *Microula*

— 甘青微孔草 —
Microula pseudotrichocarpa

● **描述：** 直立草本。茎数条，中上部分枝，疏被糙伏毛及刚毛。基
生叶及下部茎生叶长圆状披针形或倒披针形，先端尖，基
部渐窄，两面被糙伏毛及疏被刚毛，叶柄长 1～2 厘米；
上部茎生叶较小。聚伞花序顶生及腋生；花萼裂片窄三角
形，两面被毛；花冠蓝色，冠檐裂片宽倒卵形，喉部附属
物半月形。

● **生境：** 多生于高山草地。

● **分布：** 马啣山及周边地区山坡有分布。

— **短蕊车前紫草** —

Sinojohnstonia moupinensis

描述：多年生草本。茎数条，疏被短伏毛。基生叶卵形，两面被糙伏毛及短伏毛，先端短渐尖，基部心形。花序密被短伏毛；花萼裂片披针形；花冠白色或带紫色，冠筒较花萼短，冠檐较冠筒长1倍，裂片倒卵形，喉部附属物半圆形上，内藏；雄蕊生于花冠筒中部。小坚果腹面被短毛，黑褐色，碗状突起边缘淡红褐色。

生境：生于林下或阴湿岩石旁。

分布：兴隆山景区林下常见分布。

兴隆山常见植物图谱

□ 聚合草属 *Symphytum*

— 聚合草 —
Symphytum officinale

描述： 多年生丛生草本。全株被稍向下弧曲硬毛及短伏毛。茎数条，多分枝。基生叶50~80片，基生叶及下部茎生叶带状披针形、卵状披针形或卵形；茎中部及上部叶较小，基部下延。花序具多花；花萼裂至近基部；花冠淡紫、紫红或黄白色，裂片三角形，先端外卷；子房常不育，稀少数花内成熟1个小坚果，花柱伸出。小坚果斜卵圆形，黑色，平滑，有光泽。

生境： 适应性强，常见于栽培。

分布： 石佛沟景区路旁有分布。

□ 附地菜属 *Trigonotis*

— 附地菜 —

Trigonotis peduncularis

描述： 一年生或二年生草本。茎常多条，直立或斜升，下部分枝，密被短糙伏毛。基生叶卵状椭圆形或匙形，先端钝圆，基部渐窄成叶柄；茎生叶长圆形或椭圆形。花序顶生；无苞片或花序基部具 2～3 枚苞片；花萼裂片卵形，先端渐尖或尖；花冠淡蓝或淡紫红色，冠筒极短，裂片倒卵形，开展，喉部附属物白或带黄色；花药卵圆形。小坚果斜三棱锥状四面体形，背面三角状卵形，具锐棱，基底面稍小，着生面具短柄。

生境： 多生于平原、丘陵草地、林缘、田间及荒地。

分布： 兴隆山及周边地区路旁常见分布。

□—— □ **曼陀罗属** *Datura*

— 曼陀罗 —
Datura stramonium

兴隆山 常见植物图谱

- **描述：** 草本或半灌木状。茎圆柱状，淡绿色或带紫色。叶广卵形，顶端渐尖，基部不对称楔形，边缘有不规则波状浅裂，裂片顶端急尖，有时亦有波状牙齿。花单生于枝杈间或叶腋；花萼筒状，5浅裂，裂片三角形，花后自近基部断裂，宿存部分随果实而增大并向外反折；花冠漏斗状，下半部带绿色，上部白色或淡紫色，檐部5浅裂，裂片有短尖头。蒴果直立生，卵状，表面生有坚硬针刺或有时无刺而近平滑，成熟时4瓣裂。

- **生境：** 多生于住宅旁、路边、草地上，常见于栽培。

- **分布：** 兴隆山及周边地区常见分布。

天仙子属 *Hyoscyamus*

— 天仙子 —
Hyoscyamus niger

兴隆山 常见植物图谱

描述： 二年生草本。植株被粘性腺毛。自根茎生出莲座状叶丛，叶卵状披针形或长圆形，先端尖，基部渐窄，具粗齿或羽状浅裂，中脉宽扁，叶柄翼状，基部半抱根茎；茎生叶卵形或三角状卵形，先端钝或渐尖，基部宽楔形半抱茎；茎顶叶浅波状，裂片多为三角形。花在茎中下部单生叶腋，在茎上端单生苞状叶腋内组成蝎尾式总状花序，常偏向一侧；花萼筒状钟形，花后坛状，具纵肋，裂片张开，刺状；花冠钟状，黄色，肋纹紫色。蒴果长卵圆形。

生境： 生于山坡、路旁及河岸沙地。

分布： 兴隆山及周边地区常见分布。

兴隆山常见植物图谱

□— 茄属 *Solanum*

— 卵果青杞 —

Solanum septemlobum var. *ovoidocarpum*

● 描述： 草本或灌木状。茎具棱角，被白色弯卷短柔毛或腺毛，稀近无毛。叶卵形，先端钝，基部楔形，3～5裂或近全缘，两面疏被短柔毛。花序圆锥状，顶生或腋外生，花序梗被微柔毛或近无毛；花梗近无毛；花萼杯状，疏被柔毛，萼齿三角形；花冠青紫色，冠檐长约7毫米，5深裂，裂片长圆形，常外曲。浆果卵形，红色。

● 生境： 多生于山坡向阳处。

● 分布： 兴隆山景区路旁有分布。

□ 丁香属 *Syringa*

紫丁香
Syringa oblata

描述：灌木或小乔木。树皮灰褐色或灰色。小枝疏生皮孔。叶片革质或厚纸质，卵圆形至肾形，宽常大于长，先端短凸尖至长渐尖或锐尖，基部心形、截形至近圆形，或宽楔形。圆锥花序近球形或长圆形；花冠紫色，花冠管圆柱形，裂片卵圆形、椭圆形至倒卵圆形；花药黄色。果倒卵状椭圆形、卵形至长椭圆形，先端长渐尖，光滑。

生境：生于灌丛、山坡丛林、山沟溪边、山谷路旁及滩地水边。

分布：兴隆山景区山坡常见分布。

□ **车前属** *Plantago*

— 平车前 —
Plantago depressa

● **描述**：一年生或二年生草本。直根长，具多数侧根。叶基生呈莲座状，平卧、斜展或直立；叶片纸质，椭圆形、椭圆状披针形或卵状披针形，先端急尖或微钝，边缘具浅波状钝齿、不规则锯齿或牙齿，基部宽楔形至狭楔形，下延至叶柄，脉5～7条。花序3～10个；穗状花序细圆柱状，上部密集，基部常间断。花冠白色，裂片极小，于花后反折；雄蕊同花柱明显外伸。蒴果卵状椭圆形至圆锥状卵形。

● **生境**：生于草地、河滩、沟边、草甸、田间及路旁。

● **分布**：兴隆山及周边地区广泛分布。

□ 婆婆纳属 *Veronica*

— 毛果婆婆纳 —
Veronica eriogyne

描述： 多年生草本。茎直立，通常有两列多细胞白色柔毛。叶披针形至条状披针形，边缘有整齐的浅刻锯齿，两面脉上生多细胞长柔毛。总状花序2～4支，侧生于茎近顶端叶腋，花密集，穗状，花序各部分被长柔毛；苞片条形；花萼裂片宽条形或条状披针形；花冠紫色或蓝色，筒部占全长的1/2～2/3，筒内微被毛或否，裂片倒卵圆形至长矩圆形；花丝大部分贴生于花冠上。蒴果长卵形，上部渐狭，顶端钝。

生境： 生于海拔2500～4500米的高山草地、砾石坡。

分布： 马啣山及周边地区有分布。

□— **婆婆纳属** *Veronica*

— 阿拉伯婆婆纳 —
Veronica persica

兴隆山常见植物图谱

- **描述**：铺散多分枝草本。叶2~4对，卵形或圆形，基部浅心形，平截或浑圆，边缘具钝齿。总状花序很长，苞片互生，与叶同形近等大，花萼果期增大，裂片卵状披针形，花冠蓝、紫或蓝紫色，裂片卵形或圆形；雄蕊短于花冠。蒴果肾形，宿存花柱超出凹口。

- **生境**：生于路边、田间等。

- **分布**：兴隆山及周边地区路旁广泛分布。

□ 婆婆纳属 *Veronica*

光果婆婆纳

Veronica rockii

描述： 多年生草本。茎直立，通常不分枝。叶卵状披针形或披针形，基部圆钝，边缘有三角状尖锯齿，两面疏被柔毛或变无毛；无柄。总状花序2至数支，侧生茎端叶腋，各部被柔毛；苞片线形，常比花梗长；花萼裂片线状椭圆形，后方1枚很小或缺失；花冠蓝或紫色，后方裂达1/2，前方裂达3/5，裂片倒卵圆形或椭圆形；花丝远短于花冠，大部贴生于花冠上。蒴果卵圆形或长卵状锥形，顶端钝，宿存花柱长约1毫米。

生境： 生于海拔2000～3600米的山坡、草地。

分布： 马啣山景区零星分布。

 325

婆婆纳属 *Veronica*

— 四川婆婆纳 —
Veronica szechuanica

兴隆山 常见植物图谱

描述： 陆生草本。植株高达35厘米。茎直立或上升，不分枝或少分枝，有两列柔毛。叶卵形，通常上部的较大，先端钝或急尖，基部宽楔形、圆钝或浅心形，边缘具尖锯齿或钝齿，仅上面疏生硬毛；叶柄两侧有睫毛。总状花序有数花，数支，侧生于茎端叶腋，因茎端节间缩短，故花序集成伞房状；苞片线形，边缘有睫毛；花萼裂片线形或倒卵状披针形，有睫毛；花冠白色，稀淡紫色，裂片卵形或圆卵形；雄蕊稍短于花冠。蒴果倒心状三角形，边缘生睫毛。

生境： 生于海拔1600～3500米的沟谷或山坡草地、林缘或林下。

分布： 兴隆山景区、石佛沟景区零星分布。

— 唐古拉婆婆纳 —
Veronica vandellioides

描述： 陆生草本。植株全体多少被多细胞白色柔毛。茎细弱，上升或多少蔓生。叶片卵圆形，基部心形或平截形，顶端钝，每边具2～5个圆齿。总状花序多支，侧生于茎上部叶腋或几乎所有叶腋，退化为只具单花或2朵花，在仅具单花情况下，轴中部有苞片；苞片宽条形至披针形；花梗纤细；花萼裂片长椭圆形；花冠浅蓝色、粉红色或白色，裂片圆形至卵形。蒴果近于倒心状肾形，基部平截状圆形。

生境： 生于海拔2000～4400米的林下及高草丛中。

分布： 兴隆山景区零星分布。

□ **醉鱼草属** *Buddleja*

— 互叶醉鱼草 —
Buddleja alternifolia

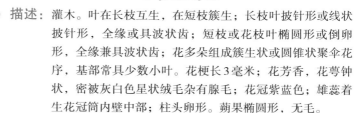

描述： 灌木。叶在长枝互生，在短枝簇生；长枝叶披针形或线状披针形，全缘或具波状齿；短枝或花枝叶椭圆形或倒卵形，全缘兼具波状齿；花多朵组成簇生状或圆锥状聚伞花序，基部常具少数小叶。花梗长3毫米；花芳香，花萼钟状，密被灰白色星状绒毛杂有腺毛；花冠紫蓝色；雄蕊着生花冠筒内壁中部；柱头卵形。蒴果椭圆形，无毛。

生境： 生于海拔1500～4000米的干旱山地灌木丛或河滩边灌木丛。

分布： 石佛沟景区路旁有分布。

□ 角蒿属 *Incarvillea*

角蒿

Incarvillea sinensis

描述：一年生至多年生草本。叶互生，二至三回羽状细裂，小叶不规则细裂，小裂片线状披针形，具细齿或全缘。顶生总状花序，疏散；小苞片绿色，线形；花萼钟状，绿色带紫红色，萼齿钻状，基部具腺体，萼齿间被褶2浅裂；花冠淡玫瑰色或粉红色，有时带紫色，钟状漏斗形，花冠裂片圆形；雄蕊着生花冠近基部，花药成对靠合。蒴果淡绿色，细圆柱形，顶端尾尖。

生境：生于山坡、田野。

分布：兴隆山及周边地区路旁常见分布。

330

兴隆山 常见植物图谱

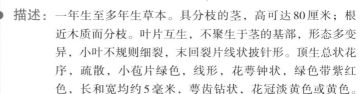

□— 角蒿属 *Incarvillea*

— 黄花角蒿 —

Incarvillea sinensis var. *przewalskii*

● **描述**： 一年生至多年生草本。具分枝的茎，高可达80厘米；根近木质而分枝。叶片互生，不聚生于茎的基部，形态多变异，小叶不规则细裂，末回裂片线状披针形。顶生总状花序，疏散，小苞片绿色，线形，花萼钟状，绿色带紫红色，长和宽均约5毫米，萼齿钻状，花冠淡黄色或黄色。蒴果细圆柱形。

● **生境**： 生于海拔2000～2600米的山坡。

● **分布**： 兴隆山及周边地区路旁有分布。

高山捕虫堇

Pinguicula alpina

描述： 多年生草本。叶3～13片，基生呈莲座状；叶片长椭圆
形，边缘全缘并内卷，顶端钝形或圆形，基部宽楔形，上
面密生多数分泌粘液的腺毛。花单生；花萼2深裂，上唇
3浅裂，裂片卵圆形，下唇2浅裂，裂片卵形；花冠白色，
距淡黄色，上唇2裂达中部，裂片宽卵形至近圆形，下唇
3深裂，中裂片较大，圆形或宽倒卵形，顶端圆形或截形，
侧裂片宽卵形；距圆柱状，顶端圆形。花丝线形，弯曲；
花柱极短；柱头下唇边缘流苏状，上唇微小。蒴果卵球形
至椭圆球形。

生境： 生于海拔2300～4500米的阴湿岩壁间或高山杜鹃灌丛下。

分布： 马啣山周边地区零星分布。

□ **水棘针属** *Amethystea*

— 水棘针 —
Amethystea caerulea

描述： 一年生草本。叶柄有沟，具狭翅；叶片三角形或近卵形，3 深裂，裂片边缘具齿，基部下延。花序为由松散具长梗的聚伞花序组成的圆锥花序；苞叶与茎叶同形，变小；小苞片线形；花萼钟形，萼齿 5 个，近整齐，三角形，渐尖；花冠蓝色或紫蓝色，冠筒内藏或略长于花萼，冠檐二唇形，上唇 2 裂，长圆状卵形或卵形，下唇略大，3 裂，中裂片近圆形，侧裂片与上唇裂片近同形；雄蕊 4 枚，花丝无毛，伸出雄蕊约 1/2。花柱略超出雄蕊，先端不相等 2 浅裂。小坚果倒卵状三棱形。

生境： 生于田边旷野、河岸沙地、开阔路边及溪旁。

分布： 石佛沟路边、沟渠旁偶见分布。

兴隆山 常见植物图谱

□ 莸属 *Caryopteris*

— 光果莸 —

Caryopteris tangutica

描述： 亚灌木。幼枝被灰白色短柔毛，后脱落。叶披针形、卵形或长圆形，先端尖，基部宽楔形或稍圆，具粗齿，两面被黄色腺点及柔毛，深裂达叶面1/3～1/2处。伞房状聚伞花序密集，无苞片及小苞片；花萼杯状，花萼被柔毛；花冠淡蓝或淡紫色，被柔毛，花冠筒喉部被毛环，下唇中裂片边缘流苏状；子房无毛。蒴果倒卵状球形，无毛，果瓣具宽翅。

生境： 生于海拔约2500米的干燥山坡。

分布： 石佛沟景区路旁有分布。

□ 风轮菜属 *Clinopodium*

— 匍匐风轮菜 —
Clinopodium repens

描述： 多年生柔弱草本。茎匍匐生根，上部上升，弯曲，四棱形，被疏柔毛。叶卵圆形，先端锐尖或钝，基部阔楔形至近圆形，边缘在基部以上具向内弯的细锯齿，上面榄绿色，下面略淡，两面疏被短硬毛。轮伞近球状，彼此远隔；苞片针状，绿色；花萼管状，绿色，外面被白色缘毛及腺微柔毛，上唇3枚齿，齿三角形，具尾尖，下唇2枚齿，先端芒尖；花冠粉红色，略超出花萼，冠檐二唇形，上唇直伸，先端微缺，下唇3裂；雄蕊及雌蕊均内藏。

生境： 生于海拔3300米的山坡、草地、林下、路边、沟边。

分布： 兴隆山景区、石佛沟景区零星分布。

口 **青兰属** *Dracocephalum*

— 白花枝子花 —
Dracocephalum heterophyllum

描述：多年生草本。叶宽卵形或长卵形，先端钝圆，基部心形，下面疏被短柔毛或近无毛，具浅圆齿或锯齿及缘毛；茎上部叶柄短。轮伞花序具4～8朵花，生于茎上部；苞片倒卵状匙形或倒披针形，具3～8对长刺细齿；花萼淡绿色，疏被短柔毛，具缘毛，上唇3浅裂，萼齿三角状卵形，具刺尖，下唇2深裂，萼齿披针形，先端具刺；花冠白色，密被白或淡黄色短柔毛。

生境：生于山地草原及半荒漠的多石干燥处。

分布：马啣山周边地区常见分布。

335

兴隆山常见植物图谱

唇形科
Lamiaceae

 □ **青兰属** *Dracocephalum*

— 岷山毛建草 —

Dracocephalum purdomii

描述： 多年生草本。基出叶约6枚，卵状长圆形，先端近圆形，基部截形或心形，边缘密生钝齿；茎生叶2对，较基出叶小。轮伞花序密集成球形；苞片倒披针形或狭长圆形，边缘被长睫毛，上部具5枚齿，齿具长刺；花萼5齿近等长，上唇中齿宽椭圆形，先端钝具短刺，有时渐宽并具不规则常具刺尖的细齿数个，边缘被睫毛，其余4枚齿三角状披针形，刺状渐尖；花冠深蓝色，冠筒基部细，冠檐二唇形，上唇2裂，下唇具斑点，3裂，中裂片伸长。

生境： 生于海拔2250～3300米的高山谷地多石处。

分布： 马啣山周边地区常见分布。

336

兴隆山 常见植物图谱

甘青青兰

Dracocephalum tanguticum

描述： 多年生草本。茎直立，节多，在叶腋中生有短枝。叶具柄，叶片轮廓椭圆状卵形或椭圆形，基部宽楔形，羽状全裂，裂片2～3对，线形，边缘全缘，内卷。轮伞花序生于茎顶部5～9节上，常具4～6朵花，形成间断的穗状花序；苞片似叶，但极小，仅1对裂片；花萼常带紫色，2裂至1/3处，齿被睫毛，先端锐尖，上唇3裂至本身2/3稍下处，中齿与侧齿均为宽披针形，下唇2裂至本身基部，齿披针形；花冠紫蓝色至暗紫色，下唇长为上唇的2倍。

生境： 生于海拔1900～4000米的干燥河谷的河岸、田野、草滩或松林边缘。

分布： 马啣山周边地区零星分布。

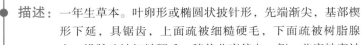

□ 香薷属 *Elsholtzia*

— 香薷 —
Elsholtzia ciliata

描述： 一年生草本。叶卵形或椭圆状披针形，先端渐尖，基部楔形下延，具锯齿，上面疏被细糙硬毛，下面疏被树脂腺点，沿脉疏被细糙硬毛。穗状花序偏向一侧，花序轴密被白色短柔毛；苞片宽卵形或扁圆形，先端芒状突尖；花萼被柔毛，萼齿三角形，前 2 齿较长，先端针状，具缘毛；花冠淡紫色，被柔毛，上部疏被腺点，喉部被柔毛，上唇先端微缺，下唇中裂片半圆形，侧裂片弧形；花药紫色；花柱内藏。

生境： 生于路旁、山坡、荒地、林内、河岸。

分布： 马啣山周边地区有分布。

□ 香薷属 *Elsholtzia*

密花香薷
Elsholtzia densa

描述： 草本。茎直立，自基部多分枝。叶长圆状披针形至椭圆形，先端急尖或微钝，基部宽楔形或近圆形，边缘在基部以上具锯齿。穗状花序长圆形或近圆形，密被紫色串珠状长柔毛，由密集的轮伞花序组成；最下的一对苞叶与叶同形，向上呈苞片状，卵圆状圆形；花萼钟状，萼齿5，后3齿稍长，果时花萼膨大，近球形；花冠小，淡紫色，冠檐二唇形，上唇直立，先端微缺，下唇稍开展，3裂。雄蕊4枚，前对较长，微露出；花柱微伸出，先端近相等2裂。

生境： 生于海拔1800～4100米的林缘、高山草甸、林下、河边及山坡荒地。

分布： 马啣山及周边地区广泛分布。

兴隆山 常见植物图谱

□ 鼬瓣花属 *Galeopsis*

— 鼬瓣花 —

Galeopsis bifida

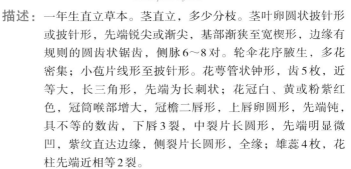

描述： 一年生直立草本。茎直立，多少分枝。茎叶卵圆状披针形或披针形，先端锐尖或渐尖，基部渐狭至宽楔形，边缘有规则的圆齿状锯齿，侧脉6~8对。轮伞花序腋生，多花密集；小苞片线形至披针形。花萼管状钟形，齿5枚，近等大，长三角形，先端为长刺状；花冠白、黄或粉紫红色，冠筒喉部增大，冠檐二唇形，上唇卵圆形，先端钝，具不等的数齿，下唇3裂，中裂片长圆形，先端明显微凹，紫纹直达边缘，侧裂片长圆形，全缘；雄蕊4枚，花柱先端近相等2裂。

生境： 生于林缘、路旁、田边、灌丛、草地等空旷处。

分布： 兴隆山景区、石佛沟景区常见分布。

□ 香茶菜属 *Isodon*

鄂西香茶菜

Isodon henryi

● **描述**：多年生草本。茎棱疏被柔毛，下部毛渐脱落，上部多分枝。叶菱状卵形或披针形，先端渐尖，基部近平截，骤窄下延成窄翅，具圆齿状锯齿，上面疏被糙硬毛，沿脉毛密，下面无毛，沿脉疏被糙硬毛。花萼宽钟形，长约3毫米，被微柔毛，淡紫色，上唇3枚齿稍小，果萼脉纹明显，近无毛，被腺点；花冠白或淡紫色，具紫斑，被微柔毛及腺点；雄蕊内藏。

● **生境**：生于谷地、山坡、林缘、溪边、路旁。

● **分布**：兴隆山、石佛沟零星分布。

□ **薄荷属** *Mentha*

— **薄荷** —

Mentha canadensis

描述： 多年生草本。茎多分枝。叶卵状披针形或长圆形，先端尖，基部楔形或圆，基部以上疏生粗牙齿状锯齿，两面被微柔毛；叶柄长 0.2～1 厘米。轮伞花序腋生，球形；花梗细；花萼管状钟形，被微柔毛及腺点，10 条脉不明显，萼齿窄三角状钻形；花冠淡紫或白色，稍被微柔毛，上裂片2裂，余3裂片近等大，长圆形，先端钝。小坚果黄褐色，被注点。

生境： 生于水旁潮湿地或栽培。

分布： 兴隆山景区、石佛沟景区路旁有分布。

— 康藏荆芥 —

Nepeta prattii

描述： 多年生草本。茎被倒向短硬毛或变无毛，其间散布淡黄色
腺点。叶卵状披针形、宽披针形至披针形，向上渐变小，
先端急尖，基部浅心形，边缘具密的牙齿状锯齿。轮伞花
序下部远离，顶部的3～6轮密集成穗状；苞叶具细锯齿
至全缘，苞片线形或线状披针形；花萼喉部极斜，上唇3
枚齿宽披针形或披针状长三角形，下唇2枚齿狭披针形；
花冠紫色或蓝色，冠筒向上骤然宽大，冠檐二唇形，上唇
裂至中部成2钝裂片，下唇中裂片肾形，先端中部具弯
缺，边缘齿状，侧裂片半圆形。

生境： 生于山坡草地及湿润处。

分布： 兴隆山、马啣山及周边地区常见分布。

□— **糙苏属** *Phlomis*

— **尖齿糙苏** —

Phlomis dentosa

描述： 多年生草本。茎被星状短毡毛、糙伏毛或短硬毛。基生叶三角形或三角状卵形，先端圆，基部心形，具不整齐圆齿，上面被短硬毛或星状糙伏毛，稀星状短柔毛，下面密被星状短柔毛；茎生叶同形，较小。花萼管状钟形，密被星状短绒毛，脉被星状短硬毛，萼齿具刺尖，齿间具2枚小齿；花冠粉红色，上唇反折，具不整齐牙齿，下唇密被星状短柔毛，中裂片宽倒卵形，侧裂片卵形；雄蕊伸出，花丝被毛，后对基部在毛环上方具反折短距状附属物。小坚果无毛。

生境： 生于草坡上。

分布： 兴隆山、马啣山周边地区路旁、山坡常见分布。

□ 糙苏属 *Phlomis*

— 糙苏 —

Phlomis umbrosa

描述： 多年生草本。茎疏被倒向短硬毛，有时上部被星状短柔毛。叶圆卵形或卵状长圆形，先端尖或渐尖，基部浅心形或圆，具齿，两面疏被柔毛及星状柔毛；叶柄密被短硬毛。轮伞花序多数，具4～8朵花，具花序梗；苞叶卵形，具粗锯齿状牙齿，苞片线状钻形。花萼管形，被星状微柔毛，有时脉疏被刚毛，萼齿具刺尖，齿间具双齿；花冠粉红或紫红色，稀白色，下唇具红斑，冠筒内具毛环，上唇具不整齐细牙齿，内面被髯毛，下唇3裂，裂片卵形或近圆形；雄蕊内藏，花丝无毛。

生境： 生于海拔200～3200米的疏林下或草坡。

分布： 兴隆山景区常见分布。

兴隆山常见植物图谱

□ 鼠尾草属 *Salvia*

— 甘西鼠尾草 —
Salvia przewalskii

描述： 多年生草本。茎密被短柔毛。叶三角状戟形或长圆状披针形，稀心状卵形，先端尖，基部心形或戟形，具圆齿状牙齿。轮伞花序具2～4朵花，疏散，组成顶生总状或圆锥状花序；苞片卵形或椭圆形；花萼钟形，密被长柔毛及红褐色腺点，上唇三角状半圆形，具3枚短尖头，下唇具2枚三角形齿；花冠紫红或红褐色，上唇疏被红褐色腺点，上唇长圆形，全缘，稍内凹，中裂片倒卵形，先端近平截，侧裂片半圆形；雄蕊伸出；花柱稍伸出。

生境： 生于林缘、路旁、沟边、灌丛。

分布： 兴隆山景区零星分布。

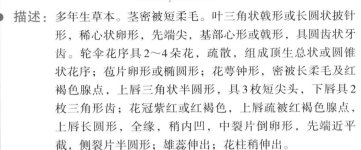

□ 鼠尾草属 *Salvia*

— 粘毛鼠尾草 —
Salvia roborowskii

- **描述：** 一年生或二年生草本。茎直立，多分枝，密被有黏腺的长硬毛。叶片戟形或戟状三角形，先端变锐尖或钝，基部浅心形或截形，边缘具圆齿。轮伞花序4～6朵花，上部密集下部疏离组成顶生或腋生的总状花序；苞片边缘波状或全缘。花萼二唇形，上唇三角状半圆形，先端具3个短尖头，下唇浅裂成2枚齿，齿三角形；花冠黄色，冠檐二唇形，上唇直伸，长圆形，全缘，下唇3裂，中裂片倒心形，先端微缺，基部收缩，侧裂片斜半圆形；花柱伸出。小坚果倒卵圆形。

- **生境：** 生于海拔2500～3700米的山坡草地、沟边阴处、山脚、山腰。

- **分布：** 马啣山周边地区零星分布。

□ 鼠尾草属 *Salvia*

— 黄鼠狼花 —

Salvia tricuspis

描述：一年生或二年生草本。茎多分枝，被短柔毛及腺长柔毛。叶3裂，三角状戟形或箭形，先端渐尖或尖，基部心形，具卵形裂片，具锯齿或圆齿。轮伞花序具2~4朵花，组成总状或总状圆锥花序，被短柔毛及腺长柔毛苞片窄披针形，全缘或具2~4枚齿；花萼钟形，密被黄褐色腺点，沿脉及边缘被腺长柔毛；上唇三角形，具3个靠合短尖头，下唇2斜三角形齿；花冠黄色，被柔毛，冠筒内具柔毛环，上唇长圆形，能育雄蕊伸出，药隔弧曲，上臂较下臂稍长。

生境：生于山脚、河岸、沟边、草地及路旁。

分布：石佛沟景区路旁零星分布。

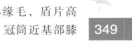
—— 黄芩 ——

Scutellaria baicalensis

描述： 多年生草本。茎分枝，近无毛，或被向上至开展微柔毛。叶披针形或线状披针形，先端钝，基部圆，全缘。总状花序长 7～15 厘米；下部苞叶叶状，上部卵状披针形或披针形；花梗被微柔毛；花萼密被微柔毛，具缘毛，盾片高 1.5 毫米；花冠紫红或蓝色，密被腺柔毛，冠筒近基部膝曲，下唇中裂片三角状卵形。小坚果黑褐色，卵球形，被瘤点。

生境： 生于向阳草坡地、休荒地。

分布： 兴隆山景区路旁零星分布。

349

兴隆山 常见植物图谱

□── □ 黄芩属 *Scutellaria*

— 甘肃黄芩 —

Scutellaria rehderiana

● 描述： 多年生草本。茎弧曲，直立，常不分枝。叶片卵圆状披针
形，三角状狭卵圆形至卵圆形，顶端圆或钝，有时微尖，
基部阔楔形、近截形至近圆形，全缘，或自下部每侧有
2～5个不规则远离浅牙齿而中部以上常全缘，侧脉4对。
花序总状，顶生；苞片卵圆形或椭圆形，有时倒卵圆形，
顶端急尖，基部楔形；小苞片针状；花冠粉红、淡紫至紫
蓝；冠筒近基部膝曲，向上渐增大；冠檐2唇形，上唇盔
状，先端微缺，下唇中裂片三角状卵圆形，宽大。

● 生境： 生于海拔1300～3150米的山地向阳草坡。

● 分布： 兴隆山及周边地区广泛分布。

— 多毛并头黄芩 —

Scutellaria scordifolia var. villosissima

描述： 多年生草本。茎直立，四棱形。叶具很短的柄或近无柄，三角状狭卵形，三角状卵形，或披针形，基部浅心形，近截形，边缘大多具浅锐牙齿，稀生少数不明显的波状齿，极少近全缘。花单生于茎上部的叶腋内，偏向一侧；花梗近基部有一对长约1毫米的针状小苞片；花冠蓝紫色；冠筒基部浅囊状膝曲；冠檐2唇形，上唇盔状，内凹，先端微缺，下唇中裂片圆状卵圆形，先端微缺，2侧裂片卵圆形，先端微缺；雄蕊4枚，内藏；花柱先端微裂。小坚果黑色，椭圆形，具瘤状突起。

生境： 生于山地草坡或松林下。

分布： 兴隆山景区有分布。

□ 水苏属 *Stachys*

甘露子

Stachys sieboldii

兴隆山常见植物图谱

描述：多年生草本。茎棱及节被平展硬毛。叶卵形或椭圆状卵形，先端尖或渐尖，基部宽楔形或浅心形，具圆齿状锯齿，两面被平伏硬毛；叶柄被硬毛。轮伞花序具6朵花，组成穗状花序；下部苞叶卵状披针形，上部苞叶披针形，无柄，近全缘，小苞片线形；花萼窄钟形，10条脉稍明显；萼齿三角形或长三角形，具刺尖，微反折；花冠粉红或紫红色，下唇具紫斑，冠筒近基部前方微囊状，内面无毛，上唇长圆形，下唇3裂，中裂片近圆形，侧裂片卵形。

生境：生于湿润地及积水处。

分布：马啣山及周边地区常见分布。

□ 百里香属 *Thymus*

— 百里香 —
Thymus mongolicus

描述：半灌木。茎多数，匍匐至上升营养枝被短柔毛；花枝上部密被倒向或稍平展柔毛，下部毛稀疏，具2～4对叶。叶卵形，先端钝或稍尖，基部楔形，全缘或疏生细齿，两面无毛，被腺点。花序头状；花萼管状钟形或窄钟形，下部被柔毛，上部近无毛，上唇齿长不及唇片1/3，三角形，下唇较上唇长或近等长；花冠紫红、紫或粉红色，疏被短柔毛，冠筒向上稍增大。小坚果近球形或卵球形，稍扁。

生境：生于多石山地、石壁、斜坡、山谷、山沟、路旁及杂草丛。

分布：兴隆山景区公路旁、马啣山周边地区常见分布。

兴隆山 常见植物图谱

□ **肉果草属** *Lancea*

— **肉果草** —
Lancea tibetica

描述：多年生矮小草本。除叶柄有毛外其余无毛。叶6～10片，几成莲座状，倒卵形至倒卵状矩圆形或匙形，近革质，顶端钝，常有小凸尖，边全缘或有很不明显的疏齿，基部渐狭成有翅的短柄。花3～5朵簇生或伸长成总状花序；花萼钟状，革质，萼齿钻状三角形；花冠深蓝色或紫色，喉部稍带黄色或紫色斑点，上唇直立，2深裂，偶有几全裂，下唇开展，中裂片全缘。果实卵状球形，红色至深紫色，被包于宿存的花萼内。

生境：生于海拔2000～4500米的草地、疏林中或沟谷旁。

分布：兴隆山、马啣山及周边地区广泛分布。

□ 通泉草属 *Mazus*

— 通泉草 —
Mazus pumilus

描述：一年生草本。茎直立，上升或倾卧状上升。基生叶少至多
数，有时成莲座状或早落，倒卵状匙形至卵状倒披针形，
全缘或有不明显的疏齿，基部下延成带翅叶柄，边缘具不
规则的粗齿或基部有1~2片浅羽裂；茎生叶对生或互生。
总状花序生于茎、枝顶端，常3~20朵；花萼钟状，萼片
与萼筒近等长，卵形，端急尖；花冠白色、紫色或蓝色，
上唇裂片卵状三角形，下唇中裂片较小，稍突出。蒴果
球形。

生境：生于海拔2500米以下的湿润草坡、沟边、路旁及林缘。

分布：兴隆山及周边地区有分布。

列当科
Orobanchaceae

356

兴隆山常见植物图谱

□ 芯芭属 *Cymbaria*

— 蒙古芯芭 —
Cymbaria mongolica

描述： 多年生草本。植株被柔毛，呈绿色。茎丛生，基部密被鳞叶。叶对生，无柄，长圆状披针形或线状披针形。花少数，腋生；小苞片2枚；花萼内外均被毛，萼齿5～6枚，窄三角形或线形，齿间具1～2枚线状小齿；花冠黄色，上唇略盔状，裂片外卷，下唇3裂，开展；雄蕊4枚，2强，花丝基部被柔毛，花药顶部常无毛。蒴果长卵圆形，革质。

生境： 生于干旱山坡地带。

分布： 石佛沟景区广泛分布。

□ 小米草属 *Euphrasia*

— 短腺小米草 —
Euphrasia regelii

描述： 一年生草本。茎直立，不分枝或分枝，被白色柔毛。叶和苞片无柄；下部的楔状卵形，先端钝，每边有2～3枚钝齿；中部的稍大，卵形或卵圆形，基部宽楔形，每边有3～6枚锯齿，锯齿急尖、渐尖或有时为芒状；均被刚毛和短腺毛。花萼管状，与叶被同类毛，裂片披针形或钻形；花冠白色，上唇常带紫色，下唇比上唇长，裂片先端凹缺。

生境： 生于亚高山及高山草地、湿草地及林中。

分布： 马啣山及周边地区广泛分布。

□—— 马先蒿属 *Pedicularis*

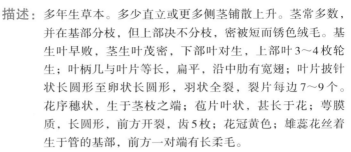

— 阿拉善马先蒿 —

Pedicularis alaschanica

● 描述：多年生草本。多少直立或更多侧茎铺散上升。茎常多数，并在基部分枝，但上部决不分枝，密被短而锈色绒毛。基生叶早败，茎生叶茂密，下部叶对生，上部叶3~4枚轮生；叶柄几与叶片等长，扁平，沿中肋有宽翅；叶片披针状长圆形至卵状长圆形，羽状全裂，裂片每边7~9个。花序穗状，生于茎枝之端；苞片叶状，甚长于花；萼膜质，长圆形，前方开裂，齿5枚；花冠黄色；雄蕊花丝着生于管的基部，前方一对端有长柔毛。

● 生境：生于河谷多石砾与沙的向阳山坡及湖边平川地。

● 分布：马啣山周边地区有分布。

兴隆山 常见植物图谱

鸭首马先蒿

Pedicularis anas

- **描述：** 多年生草本。茎紫黑色，常不分枝，具毛线。叶长圆状卵形或线状披针形，羽状全裂，裂片7～11对，羽状浅裂或半裂，具刺尖锯齿。花序头状或穗状；花萼卵圆形膨胀，常有紫斑或紫晕，萼齿5枚，后方1枚较小，均有锯齿；花冠紫色或下唇浅黄色，上唇暗紫红色，近基部膝曲，上唇镰状弓曲，额部稍凸起，喙细直，下唇中裂片圆形，稍小于侧裂片；花丝均无毛。蒴果三角状披针形，锐尖头。

- **生境：** 生于海拔3000～4300米的高山草地中。

- **分布：** 马啣山周边地区草甸有分布。

兴隆山常见植物图谱

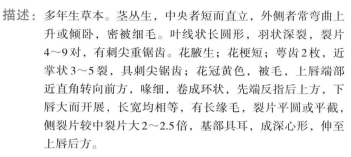

□ 马先蒿属 *Pedicularis*

— **刺齿马先蒿** —

Pedicularis armata

描述： 多年生草本。茎丛生，中央者短而直立，外侧者常弯曲上升或倾卧，密被细毛。叶线状长圆形，羽状深裂，裂片4～9对，有刺尖重锯齿。花腋生；花梗短；萼齿2枚，近掌状3～5裂，具刺尖锯齿；花冠黄色，被毛，上唇端部近直角转向前方，喙细，卷成环状，先端反指后上方，下唇大而开展，长宽均相等，有长缘毛，裂片平圆或平截，侧裂片较中裂片大2～2.5倍，基部具耳，成深心形，伸至上唇后方。

生境： 生于海拔3660～4600米的空旷高山草地、草甸。

分布： 马啣山周边地区有分布。

兴隆山 常见植物图谱

马先蒿属 *Pedicularis*

— 埃氏马先蒿 —
Pedicularis artselaeri

描述： 多年生草本。茎细短，被毛，基部被披针形或卵形黄褐色膜质鳞片及枯叶柄。叶柄铺散，密被柔毛；叶长圆状披针形，羽状全裂，裂片8～14对，卵形，羽状深裂，有缺刻状锯齿。花腋生；花梗、花萼被长柔毛，萼齿5，叶状；花冠紫色，花冠筒直伸，较萼长，上唇镰状弓曲，先端尖，顶部稍钝，下唇稍长于上唇，伸展，裂片圆形；花丝均被长毛。蒴果卵圆形，全为膨大宿萼所包。

生境： 生于海拔1100～2800米的石坡草丛中和林下较干处。

分布： 兴隆山景区、石佛沟景区草地有分布。

□─ 马先蒿属 *Pedicularis*

— **中国马先蒿** —
Pedicularis chinensis

描述： 一年生草本。茎直立或外方者弯曲上升或甚至倾卧。叶基
出与茎生，披针状长圆形至线状长圆形，羽状浅裂至半
裂，裂片7～13对，卵形，有时带方形，钝头，前半有重
锯齿。花序常占植株的大部分；萼管状，脉很多，齿2
枚，以上即膨大叶状；花冠黄色，盔直立部分稍向后仰，
上端渐渐转向前上方成为含雄蕊的部分，前端又渐细为半
环状长喙，下唇侧裂为不等的心脏形，其外侧的基部耳形
很深，两边合成下唇的深心脏形基部，中裂完全不伸出于
侧裂之前。

生境： 生于海拔1700～2900米的高山草地、草甸中。

分布： 马啣山及周边地区有分布。

兴隆山 常见植物图谱

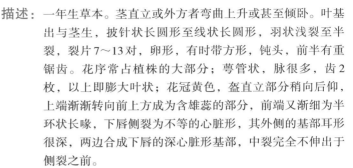

☐ ━━ ☐ **马先蒿属** *Pedicularis*

━ 甘肃马先蒿 ━

Pedicularis kansuensis

● **描述**：一年或两年生草本。茎多条丛生。基生叶柄较长；茎生叶
4枚轮生；叶长圆形，羽状全裂，裂片约10对，披针形，
羽状深裂，小裂片具锯齿。花轮生；下部苞片叶状，上部
苞片亚掌状3裂；花萼近球形，膜质，前方不裂，萼齿5
枚，不等大，三角形，有锯齿；花冠紫红色，冠筒近基部
膝曲，上唇稍镰状弓曲，额部高凸，具有波状齿的鸡冠状
凸起，下唇长于上唇，裂片圆形，中裂片基部窄缩；花丝
1对有毛。蒴果斜卵形，稍自宿萼伸出具长锐尖头。

● **生境**：生于海拔1825～4000米的草坡和有石砾处，田埂旁尤多。

● **分布**：兴隆山及周边地区广泛分布。

兴隆山 常见植物图谱

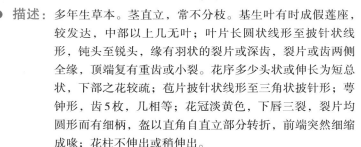

马先蒿属 *Pedicularis*

— 毛颏马先蒿 —

Pedicularis lasiophrys

描述： 多年生草本。茎直立，常不分枝。基生叶有时成假莲座，较发达，中部以上几无叶；叶片长圆状线形至披针状线形，钝头至锐头，缘有羽状的裂片或深齿，裂片或齿两侧全缘，顶端复有重齿或小裂。花序多少头状或伸长为短总状，下部之花较疏；苞片披针状线形至三角状披针形；萼钟形，齿5枚，几相等；花冠淡黄色，下唇三裂，裂片均圆形而有细柄，盔以直角自直立部分转折，前端突然细缩成喙；花柱不伸出或稍伸出。

生境： 生于海拔3700～5000米的高山草甸、灌丛下，亦见于云杉林中的多水处。

分布： 马啣山周边地区零星分布。

□ 马先蒿属 *Pedicularis*

— 藓生马先蒿 —

Pedicularis muscicola

描述：多年生草本。茎常成密丛。叶片椭圆形至披针形，羽状全裂，裂片常互生，每边4～9枚，卵形至披针形，有锐重锯齿，齿有凸尖。花皆腋生；萼齿5枚，略相等，基部三角形而连于萼管，向上渐细，均全缘，至近端处膨大卵形，具有少数锯齿；花冠玫瑰色，管外面有毛，盔直立部分很短，几在基部即向左方扭折使其顶部向下，前方渐细为卷曲或"S"形的长喙，喙反向上方卷曲，下唇极大，长亦如之，侧裂极大，稍指向外方，中裂较狭，为长圆形，钝头。

生境：生于杂林、冷杉林的苔藓层中，也见于其他阴湿处。

分布：兴隆山景区广泛分布。

兴隆山常见植物图谱

□ 马先蒿属 *Pedicularis*

— **欧氏马先蒿** —
Pedicularis oederi

描述：多年生草本。茎多少有绵毛。叶多基生，叶片线状披针形至线形，羽状全裂，裂片常紧密排列，锐头至钝头，缘有锯齿，齿常有胼胝而多反卷，茎叶常极少，仅1～2枚。花序顶生；苞片披针形至线状披针形，几全缘或上部有齿；萼狭而圆筒形，齿5枚；花冠多二色，盔端紫黑色，其余黄白色，有时下唇及盔的下部亦有紫斑，管在近端处多少向前膝曲使花前俯，盔与管的上段同其指向，额圆形，前缘之端稍稍作三角形凸出，下唇侧裂斜椭圆形，甚大于多少圆形的中裂。

生境：多生于海拔2600～4000米的高山沼泽草甸、灌丛下和阴湿的林下。

分布：马啣山周边地区零星分布。

□ 马先蒿属 *Pedicularis*

— 白氏马先蒿 —
Pedicularis paiana

描述：多年生直立草本。茎中空，具条纹，被长毛。叶全茎生，披针状线形，基部宽楔形抱茎，羽状深裂，裂片9～15对，三角状卵形或披针状长圆形，羽状浅裂，小裂片有具胼胝的尖齿，两面疏生白色长毛。苞片叶状，较花长；花萼前方不裂，5齿不等长，后方1枚较小；花冠淡黄色，长约4.5厘米，密生腺毛；花冠上唇下缘略三角形，具小凸尖，下缘有长须毛，下唇中裂两侧后方与侧裂相接处无褶襞；花丝有毛。蒴果长圆状卵圆形，稍侧扁。

生境：生于高山荒草坡中、灌丛下，偶见林下隙地。

分布：马啣山周边地区零星分布。

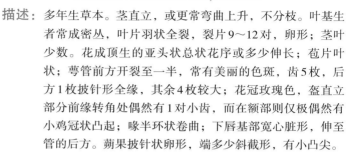

□ **马先蒿属** *Pedicularis*

— 大唇拟鼻花马先蒿 —

Pedicularis rhinanthoides subsp. *labellata*

描述：多年生草本。茎直立，或更常弯曲上升，不分枝。叶基生者常成密丛，叶片羽状全裂，裂片9～12对，卵形；茎叶少数。花成顶生的亚头状总状花序或多少伸长；苞片叶状；萼管前方开裂至一半，常有美丽的色斑，齿5枚，后方1枚披针形全缘，其余4枚较大；花冠玫瑰色，盔直立部分前缘转角处偶然有1对小齿，而在额部则仅极偶然有小鸡冠状凸起；喙半环状卷曲；下唇基部宽心脏形，伸至管的后方。蒴果披针状卵形，端多少斜截形，有小凸尖。

生境：生于海拔3000～4500米的山谷潮湿处和高山草甸。

分布：马啣山周边地区广泛分布。

马先蒿属 *Pedicularis*

— 粗野马先蒿 —
Pedicularis rudis

描述：多年生草本。根茎粗壮，肉质，上部以细而鞭状的根茎连着于生在地表下而密生须根的根颈之上。上部多分枝，多毛。叶全茎生、无柄、抱茎，披针状线形，羽状深裂，裂片达24对，长圆形或披针形，被毛，有重锯齿。花序长穗状，被腺毛；下部苞片叶状，上部的卵形，较花萼长；花萼密被白色腺毛，萼齿5枚，略相等，有锯齿；花冠白色，花冠筒与上唇均被密毛，上唇上部紫红色，额部黄色，顶端具小凸喙，下缘被长须毛，下唇与上唇近等长，裂片卵状椭圆形，具长缘毛；花丝无毛。蒴果宽卵圆形，略侧扁。

生境：生于海拔2350～3350米的荒草坡或灌丛中，亦见于云杉与桦木林。

分布：马啣山零星分布。

列当科
Orobanchaceae

370

兴隆山 常见植物图谱

□ **马先蒿属** *Pedicularis*

— **穗花马先蒿** —
Pedicularis spicata

描述： 一年生草本。叶基出者多少莲座状，叶片羽状深裂；茎生叶多4枚轮生，叶片长圆状披针形至线状狭披针形，基部广楔形，端渐细而顶尖微钝，缘边羽状浅裂至深裂，裂片9～20对，卵形至长圆形。穗状花序生于茎枝之端；苞片下部者叶状，中上部者为菱状卵形而有长尖头；萼前方仅微微开裂，萼齿3枚；花冠红色，管在萼口向前方以直角或相近的角度膝曲，盔指向前上方，额高凸，下唇中裂较小；柱头稍伸出。蒴果狭卵形。

生境： 生于海拔1500～2600米的草地、溪流旁及灌丛。

分布： 石佛沟景区路旁有分布。

□ **马先蒿属** *Pedicularis*

— 轮叶马先蒿 —
Pedicularis verticillata

描述： 多年生草本。叶片长圆形至线状披针形，下面微有短柔毛，羽状深裂至全裂，裂片线状长圆形至三角状卵形，具不规则缺刻状齿，齿端常有多少白色胼胝，茎生叶下部者偶对生，一般4枚成轮。花序总状，唯最下一二花轮多少疏远；苞片叶状；萼球状卵圆形，常变红色，具10条暗色脉纹；花冠紫红色，下唇中裂圆形，甚小于侧裂，裂片上有时红脉极显著，盔略镰状弓曲，额圆形；花柱稍伸出。蒴果形状大小多变，多少披针形，端渐尖。

生境： 生于海拔2100～3350米的湿润处。

分布： 石佛沟景区路旁有分布。

兴隆山常见植物图谱

桔梗科 Campanulaceae

372

兴隆山 常见植物图谱

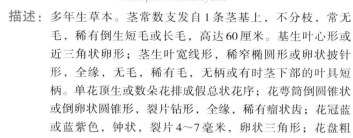

沙参属 *Adenophora*

— 喜马拉雅沙参 —
Adenophora himalayana

描述： 多年生草本。茎常数支发自1条茎基上，不分枝，常无毛，稀有倒生短毛或长毛，高达60厘米。基生叶心形或近三角状卵形；茎生叶宽线形，稀窄椭圆形或卵状披针形，全缘，无毛，稀有毛，无柄或有时茎下部的叶具短柄。单花顶生或数朵花排成假总状花序；花萼筒倒圆锥状或倒卵状圆锥形，裂片钻形，全缘，稀有瘤状齿；花冠蓝或蓝紫色，钟状，裂片4～7毫米，卵状三角形；花盘粗筒状；花柱通常稍伸出花冠。蒴果卵状长圆形。

生境： 生于高山草地或灌丛下、山沟草地、林下、林缘、山坡、高山草甸。

分布： 马啣山及周边地区常见分布。

□ 沙参属 *Adenophora*

— 泡沙参 —

Adenophora potaninii

描述： 多年生草本。茎不分枝，常单支发自1条茎基上。茎生叶卵状椭圆形或长圆形，稀线状椭圆形或倒卵形，每边具2至数个粗齿，两面有疏或密的短毛，无柄，稀下部叶有短柄。花序基部常分枝，组成圆锥花序，有时仅数花集成假总状花序；花萼无毛，萼筒倒卵状或球状倒卵形，裂片窄三角状钻形，边缘有1对细长齿；花冠钟状，紫、蓝或蓝紫色，稀白色，裂片卵状三角形；花盘筒状，至少顶端被毛；花柱与花冠近等长或稍伸出。蒴果球状椭圆形或椭圆状。

生境： 生于海拔3100米以下的阳坡草地，少生于灌丛或林下。

分布： 兴隆山景区常见分布。

□ **风铃草属** *Campanula*

— 钻裂风铃草 —
Campanula aristata

描述：多年生草本。茎通常2至数支丛生，直立。基生叶卵圆形至卵状椭圆形，具长柄；茎中下部的叶披针形至宽条形，具长柄，中上部的条形，无柄，全缘或有疏齿，全部叶无毛。花萼筒部狭长，裂片丝状，通常比花冠长；花冠蓝色或蓝紫色。蒴果圆柱状，下部略细。

生境：生于海拔3500～5000米的草丛、高山草甸及灌丛。

分布：马啣山周边地区零星分布。

兴隆山 常见植物图谱

□ 党参属 *Codonopsis*

— 党参 —

Codonopsis pilosula

描述： 多年生草本。茎缠绕，有多数分枝，小枝具叶，不育或先端着花。叶在主茎及侧枝上的互生，在小枝上的近对生，卵形或窄卵形，端钝或微尖，基部近心形，边缘具波状钝锯齿，分枝上叶渐趋狭窄，基部圆或楔形。花单生枝端，与叶柄互生或近对生，有梗；花萼贴生至子房中部，萼筒半球状，裂片宽披针形或窄长圆形；花冠上位，宽钟状，黄绿色，内面有明显紫斑，浅裂，裂片正三角形，全缘；柱头有白色刺毛。

生境： 生于海拔1560～3100米的山地林边及灌丛中。

分布： 兴隆山景区、石佛沟景区有分布。

□—— 亚菊属 *Ajania*

兴隆山 常见植物图谱

— 柳叶亚菊 —
Ajania salicifolia

● **描述：** 小亚灌木。叶线形或窄线形，全缘，上叶部渐小。头状花序多数排成密集伞房花序；总苞钟状，总苞片4层，边缘棕褐色宽膜质，外层卵形，背面稀被绢毛，中内层卵形、卵状椭圆形或线状披针形；边缘雌花约6枚，花冠细管状，冠檐3尖齿裂；两性花花冠长3.5毫米。

● **生境：** 生于海拔2600～4600米的山坡。

● **分布：** 马啣山常见分布。

□ 亚菊属 *Ajania*

— 细叶亚菊 —

Ajania tenuifolia

描述：多年生草本。叶二回羽状分裂，半圆形、三角状卵形或扇形，一回侧裂片2～3对，小裂片长椭圆形或倒披针形，先端钝或圆；叶上面淡绿色，疏被长柔毛，或灰白色毛被较多，下面灰白色，密被贴伏长柔毛。头状花序排成伞房花序；总苞钟状，总苞片4层，先端钝，边缘宽膜质，膜质内缘棕褐色，膜质外缘无色透明，外层披针形，中内层椭圆形或倒披针形；边缘雌花细管状，两性花冠状；花冠有腺点。

生境：生于海拔2000～4580米的山坡草地。

分布：马啣山有分布。

兴隆山 常见植物图谱

□ **香青属** *Anaphalis*

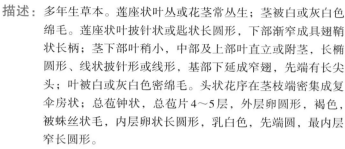

— **乳白香青** —
Anaphalis lactea

描述：多年生草本。莲座状叶丛或花茎常丛生；茎被白或灰白色绵毛。莲座状叶披针状或匙状长圆形，下部渐窄成具翅鞘状长柄；茎下部叶稍小，中部及上部叶直立或附茎，长椭圆形、线状披针形或线形，基部下延成窄翅，先端有长尖头；叶被白或灰白色密绵毛。头状花序在茎枝端密集成复伞房状；总苞钟状，总苞片4～5层，外层卵圆形，褐色，被蛛丝状毛，内层卵状长圆形，乳白色，先端圆，最内层窄长圆形。

生境：生于海拔2000～3400米的亚高山及低山草地、针叶林下。

分布：兴隆山及周边地区常见分布。

□ **香青属** *Anaphalis*

珠光香青
Anaphalis margaritacea

描述：亚灌木。茎被灰白色绵毛，下部木质；中部叶线形，基部窄。头状花序多数，在茎枝端排成复伞房状，稀伞房状；总苞宽钟状，基部褐色，上部白色。

生境：生于海拔300～3400米的亚高山或低山草地、石砾地、山沟及路旁。

分布：马啣山及周边地区广泛分布。

□—————□ **牛蒡属** *Arctium*

— 牛蒡 —
Arctium lappa

描述： 二年生草本。茎枝疏被乳突状短毛及长蛛丝毛并棕黄色小
腺点。基生叶宽卵形，基部心形，叶柄灰白色；茎生叶与
基生叶近同形。头状花序排成伞房或圆锥状伞房花序；总
苞卵形或卵球形，总苞片多层，绿色，无毛，近等长，先
端有软骨质钩刺，外层三角状或披针状钻形，中内层披针
状或线状钻形；小花紫红色，花冠外面无腺点。

生境： 生于山坡、山谷、林缘、林中、灌木丛中、河边潮湿地、
村庄处。

分布： 兴隆山及周边地区路旁广泛分布。

兴隆山 常见植物图谱

─□ 蒿属 *Artemisia*

― 黄花蒿 ―
Artemisia annua

描述： 一年生草本。植株有浓烈的挥发性香气。叶纸质，绿色；茎下部叶宽卵形或三角状卵形，三至四回栉齿状羽状深裂，每侧有裂片5～8枚；中部叶二至三回栉齿状的羽状深裂；上部叶与苞片叶一至二回栉齿状羽状深裂。头状花序下垂或倾斜，小苞叶线形，在分枝上排成总状或复总状花序，并在茎上组成开展、尖塔形的圆锥花序；总苞片3～4层；花深黄色，雌花10～18朵，花冠狭管状，花柱伸出花冠外，先端2叉；两性花10～30朵，花冠管状，花柱近与花冠等长，先端2叉。

生境： 生于路旁、荒地、山坡、林缘处。

分布： 兴隆山广泛分布。

□— 蒿属 *Artemisia*

— 牛尾蒿 —
Artemisia dubia

● 描述：亚灌木状草本。茎丛生。基生叶与茎下部叶卵形或长圆形，中部叶卵形，羽状5深裂，上部叶与苞片叶指状3深裂或不裂。头状花序宽卵圆形或球形，排成穗状总状花序及复总状花序，茎上组成开展、具多分枝圆锥花序。瘦果小长圆形或倒卵圆形。

● 生境：生于低海拔至3500米地区的干山坡、草原、疏林下及林缘。

● 分布：兴隆山景区山顶常见分布。

□ 蒿属 *Artemisia*

— 冷蒿 —

Artemisia frigida

描述：多年生草本。茎直立，组成小丛。茎下部叶与营养枝叶长
圆形或倒卵状长圆形，二至三回羽状全裂，每侧有裂片
3～4枚；中部叶长圆形或倒卵状长圆形，一至二回羽状全
裂，每侧裂片3～4枚；上部叶与苞片叶羽状全裂或3～5
全裂。头状花序在茎上排成总状花序或狭窄的总状花序式
的圆锥花序；总苞片3～4层；雌花8～13朵，花冠狭管
状，花柱伸出花冠外，上部2叉；两性花20～30朵，花冠
管状，花柱与花冠近等长，先端2叉。

生境：生于山坡、路旁、固定沙丘、高山草甸。

分布：兴隆山及周边地区有分布。

蒿属 *Artemisia*

臭蒿

Artemisia hedinii

描述： 一年生草本。基生叶密集成莲座状，长椭圆形，二回栉齿状羽状分裂，每侧裂片20余枚，小裂片具多枚栉齿；茎下部与中部叶长椭圆形，二回栉齿状羽状分裂，每侧裂片5～10个，具小裂片，两侧密被细小锐尖栉齿；上部叶与苞片叶一回栉齿状羽状分裂。头状花序半球形或近球形，在花序分枝上排成密穗状花序，在茎上组成密集窄圆锥花序，总苞片边缘紫褐色，膜质；花序托凸起，半球形；雌花3～8枚；两性花15～30枚。

生境： 生于湖边草地、河滩、砾质坡地、田边、路旁、林缘。

分布： 马啣山及周边地区广泛分布。

兴隆山常见植物图谱

□ 蒿属 *Artemisia*

— 蒙古蒿 —
Artemisia mongolica

描述： 多年生草本。茎分枝多。下部叶卵形或宽卵形，二回羽状全裂或深裂，一回全裂，每侧裂片2～3个，羽状深裂或浅裂齿；中部叶一至二回羽状分裂，一回全裂，每侧裂片2～3个，裂片椭圆形、椭圆状披针形或披针形，羽状全裂，稀深裂或3裂，小裂片披针形、线形或线状披针形；上部叶与包片叶卵形或长卵形，羽状全裂、5或3全裂。头状花序多数，小苞叶线形，排成穗状花序，在茎上组成窄或中等开展圆锥花序；雌花5～10枚；两性花8～15枚，檐部紫红色。

生境： 多生于中或低海拔地区的山坡、灌丛、河湖岸边及路旁。

分布： 石佛沟景区常见分布。

□ 蒿属 *Artemisia*

— 大籽蒿 —
Artemisia sieversiana

兴隆山常见植物图谱

描述： 一、二年生草本。茎单生，纵棱明显，分枝多。下部与中部叶宽卵形或宽卵圆形，二至三回羽状全裂，稀深裂，每侧裂片2～3个，小裂片线形或线状披针形；上部叶及苞片叶羽状全裂或不裂。头状花序大，多数排成圆锥花序，总苞半球形或近球形，基部常有线形小苞叶，在分枝排成总状花序或复总状花序，并在茎上组成开展或稍窄圆锥花序；总苞片背面被灰白色微柔毛或近无毛；花序托凸起，半球形，有白色托毛；雌花 20～30 枚；两性花 80～120 枚。

生境： 多生于路旁、荒地、河滩、草原、森林草原、干山坡或林缘等。

分布： 马啣山及周边地区零星分布。

□ 蒿属 *Artemisia*

— 白莲蒿 —
Artemisia stechmanniana

描述：半灌木状草本。茎多数，具纵棱。茎下部与中部叶长卵形、三角状卵形或长椭圆状卵形，二至三回栉齿状羽状分裂，每侧有裂片3～5枚，叶中轴两侧具4～7枚栉齿；上部叶略小，一至二回栉齿状羽状分裂；苞片线形或线状披针形。头状花序近球形，下垂，在分枝上排成穗状花序式的总状花序，并在茎上组成密集或略开展的圆锥花序；总苞片3～4层；雌花10～12朵，花柱伸出花冠外；两性花20～40朵，花冠管状，花柱与花冠管近等长，先端2叉。

生境：生于中、低海拔地区的山坡、路旁、灌丛地及森林草原。

分布：兴隆山及周边地区常见分布。

兴隆山 常见植物图谱

□ 紫菀属 *Aster*

— 阿尔泰狗娃花 —
Aster altaicus

兴隆山常见植物图谱

- **描述**：多年生草本。茎直立。基部叶在花期枯萎；下部叶条形或矩圆状披针形，倒披针形或近匙形，全缘或有疏浅齿；上部叶渐狭小，条形；全部叶两面或下面被粗毛或细毛。头状花序单生枝端或排成伞房状；总苞半球形；总苞片2~3层，近等长或外层稍短，矩圆状披针形或条形，顶端渐尖，背面或外层全部草质，边缘膜质；舌状花约20个；舌片浅蓝紫色，矩圆状条形；管状花裂片不等大。

- **生境**：生于草原、荒漠地、沙地及干旱山地。

- **分布**：兴隆山及周边地区广泛分布。

紫菀属 *Aster*

狭苞紫菀

Aster farreri

描述：多年生草本。茎下部被长毛，上部常稍紫色，被密卷毛和疏长毛，基部为枯叶残片所包被。茎下部叶及莲座状叶窄匙形，下部渐窄成长柄，全缘或有小尖头状疏齿；中部叶线状披针形，基部半抱茎；上部叶线形。头状花序单生茎端；总苞半球形，总苞片约2层，近等长，线形，外层被长毛，草质，内层几无毛，边缘常窄膜质；舌状花约100个，舌片紫蓝色；管状花上部黄色；冠毛2层，外层极短，膜片状，内层白或污白色，有与管状花花冠等长的微糙毛。

生境：生于亚高山草地、开阔山坡、云杉林地、林缘。

分布：马啣山景区路旁有分布。

兴隆山 常见植物图谱

□ 紫菀属 *Aster*

— 萎软紫菀 —

Aster flaccidus

描述： 多年生草本。茎下部叶密集，全缘，稀有少数浅齿；茎生叶3～4枚，长圆形或长圆状披针形，基部半抱茎；上部叶线形；叶两面近无毛，或有腺毛。头状花序单生茎端；总苞半球形，被长毛或有腺毛，总苞片2层，线状披针形，草质；舌状花40～60枚，舌片紫色，稀浅红色；管状花黄色，裂片被黑色或无色短毛；冠毛2层，白色，外层披针形，膜片状，内层与管状花花冠等长。

生境： 生于高山及亚高山草地、高山草甸、灌丛、石砾地。

分布： 马啣山及周边地区有分布。

□ 紫菀属 *Aster*

— 砂狗娃花 —
Aster meyendorffii

描述： 一年生草本。茎直立，常自中部分枝。基部及下部叶卵形或倒卵状矩圆形，顶端钝或急尖，边缘有粗圆齿，具3条脉；中部茎生叶狭矩圆形，顶端钝或急尖，上部边缘有粗齿或全缘，上面绿色，下面浅绿；上部叶渐小，披针形至条状披针形。头状花序单生枝端，基部有苞片状小叶；总苞半球形，总苞片2~3层；舌状花舌片蓝紫色，条状矩圆形，顶端3裂或全缘；管状花黄色，裂片5枚。

生境： 生于河岸砂地、林下沙丘、山坡草地。

分布： 马啣山及周边地区常见分布。

兴隆山 常见植物图谱

□ **紫菀属** *Aster*

— **甘川紫菀** —
Aster smithianus

描述：木质草本或亚灌木。茎中部叶窄卵圆形或披针形，全缘，稀中部以上有浅锯齿；上部叶卵圆状或线状披针形；具离基3出脉及2～4对细侧脉。头状花序排成伞房状，有苞叶；总苞半球形，总苞片2～3层，覆瓦状排列，外层长圆状或匙状线形，内层卵圆披针形，舌状花约30个，舌片白或浅紫红色；管状花外面有短毛。

生境：生于低山及亚高山沟坡草地和石砾河岸。

分布：石佛沟景区路旁有分布。

□ 紫菀属 *Aster*

— 三脉紫菀 —

Aster trinervius subsp. *ageratoides*

描述： 多年生草本。茎直立，有上升或开展的分枝。下部叶在花
期枯落，叶片宽卵圆形；中部叶椭圆形或长圆状披针形，
中部以上急狭成楔形具宽翅的柄，顶端渐尖，边缘有3~7
对浅或深锯齿；上部叶渐小，全部叶纸质，有离基三出
脉，侧脉3~4对。头状花序排列成伞房或圆锥伞房状；
总苞倒锥状或半球状；总苞片3层，覆瓦状排列，线状长
圆形；舌状花约10个，舌片线状长圆形，紫色、浅红色
或白色，管状花黄色。

生境： 生于林下、林缘、灌丛及山谷湿地。

分布： 兴隆山景区、石佛沟景区广泛分布。

飞廉属 *Carduus*

— **丝毛飞廉** —

Carduus crispus

描述： 二年生或多年生草本。茎直立，有条棱。下部茎叶椭圆形、长椭圆形或倒披针形，羽状深裂或半裂，侧裂片7～12对，边缘有大小不等的三角形或偏斜三角形刺齿，齿顶及齿缘或浅褐色或淡黄色的针刺，或下部茎叶不为羽状分裂，边缘大锯齿或重锯齿；中部茎叶与下部同形但渐小，最上部茎叶线状倒披针形或宽线形；全部茎叶两面明显异色，上面绿色，下面灰绿色或浅灰白色，两侧沿茎下延成茎翼。头状花序常3～5个集生于分枝顶端或茎端；总苞片多层，覆瓦状排列；小花红色或紫色。

生境： 生于海拔400～3600米的山坡草地、田间、荒地河旁及林下。

分布： 兴隆山及周边地区广泛分布。

□ 天名精属 *Carpesium*

— **高原天名精** —

Carpesium lipskyi

描述： 多年生草本。茎下部叶椭圆形或匙状椭圆形，近全缘，有腺体状胼胝或具小齿，上面被基部膨大倒伏柔毛，下面被白色疏长柔毛，两面有腺点；上部叶椭圆形或椭圆状披针形。头状花序单生茎、枝端或腋生，花序梗较长，花时下垂；苞叶5～7枚，披针形，反折；总苞盘状，苞片4层，外层披针形，上半部草质，下部干膜质，背面被柔毛，常反折，中层披针形，内层线状披针形；两性花筒部被白色柔毛，冠檐漏斗状，5齿裂；雌花窄漏斗状，冠檐5齿裂。

生境： 生于海拔2000～3500米的林缘及山坡灌丛中。

分布： 兴隆山、马啣山有分布。

□ **菊属** *Chrysanthemum*

— 小红菊 —
Chrysanthemum chanetii

兴隆山 常见植物图谱

描述： 多年生草本。中部茎生叶肾形、半圆形、近圆形或宽卵形，常3～5掌状或掌式羽状浅裂或半裂，侧裂片椭圆形，顶裂片较大，裂片具钝齿、尖齿或芒状尖齿；上部茎叶椭圆形或长椭圆形，接花序下部的叶长椭圆形或宽线形；中下部茎生叶基部稍心形或平截。头状花序常排成疏散伞房花序；总苞碟形，总苞片4～5层，外层宽线形，边缘穗状撕裂，中内层渐短，宽倒披针形、三角状卵形或线状长椭圆形；舌状花白、粉红或紫色，先端2～3齿裂。

生境： 生于草原、山坡林缘、灌丛及河滩、沟边。

分布： 兴隆山景区有分布。

□─ 蓟属 *Cirsium*

— 刺儿菜 —

Cirsium arvense var. integrifolium

描述：多年生草本。茎直立，上部分枝。基生叶和中部茎叶椭圆形、长椭圆形或椭圆状倒披针形，顶端钝或圆形，基部楔形，上部茎叶渐小，椭圆形或披针形或线状披针形，或全部茎叶不分裂，叶缘有细密的针刺，或大部茎叶羽状浅裂或半裂或边缘粗大圆锯齿，裂片或锯齿斜三角形，顶端钝，齿顶及裂片顶端有较长的针刺。头状花序单生茎端，或在茎枝顶端排成伞房花序；总苞卵形、长卵形或卵圆形，总苞片约6层，覆瓦状排列；小花紫红色或白色，花冠细管部细丝状。

生境：生于海拔170～2650米的山坡、河旁或荒地、田间。

分布：兴隆山及周边地区广泛分布。

□ 蓟属 *Cirsium*

— 葵花大蓟 —
Cirsium souliei

描述： 多年生铺散草本。茎基粗厚，无主茎，顶生多数或少数头状花序，外围以多数密集排列的莲座状叶丛。全部叶基生，莲座状，长椭圆形、椭圆状披针形或倒披针形，羽状浅裂、半裂、深裂至几全裂，上面绿色，下面淡绿；侧裂片7～11对，边缘有针刺或大小不等的三角形刺齿，齿顶有1针刺。花序梗上的叶小，苞叶状，边缘针刺或浅刺齿裂；头状花序多数或少数集生于茎基顶端的莲座状叶丛中；总苞宽钟状，总苞片3～5层，全部苞片边缘有针刺；小花紫红色。

生境： 生于海拔1930～4800米的山坡路旁、林缘、荒地、河滩地、田间、水旁潮湿地。

分布： 马啣山及周边地区有分布。

兴隆山常见植物图谱

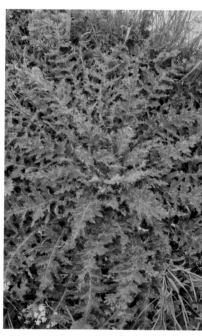

□ 垂头菊属 *Cremanthodium*

— 盘花垂头菊 —
Cremanthodium discoideum

● 描述：多年生草本。茎黑紫色，上部被白和紫褐色长柔毛。丛生叶卵状长圆形或卵状披针形，先端钝，全缘，稀有小齿，基部圆，叶脉羽状；茎生叶少，上部叶线形，下部叶披针形，半抱茎，无柄。头状花序单生，盘状；总苞半球形，密被黑褐色长柔毛，总苞片8～10枚，2层，线状披针形；小花多数，黑紫色，全部管状，冠毛白色，与花冠等长或稍短。

● 生境：生于海拔3000～5400米的林中、草坡、高山流石滩、沼泽地。

● 分布：马啣山有零星分布。

□ 多椰菊属 *Doronicum*

— 狭舌多椰菊 —
Doronicum stenoglossum

兴隆山常见植物图谱

描述： 多年生草本。茎单生，直立，常不分枝，全部具叶。基部叶椭圆形或长圆状椭圆形，顶端钝尖或短渐尖；下部茎叶长圆形或卵状长圆形，基部狭成狭翅的叶柄；上部茎叶卵状披针形或披针形，基部心形半抱茎，或下半部收缩呈提琴状，全部叶边缘有细尖齿或近全缘。头状花序小，生于茎枝顶端，通常2～10个排列成总状花序；总苞片2～3层，披针形或线状披针形，常长于花盘，绿色；舌状花淡黄色，舌片线形，顶端具2～3枚细齿；管状花花冠黄色，裂片5枚。

生境： 生于亚高山和高山草坡、林缘、次生灌丛、云杉林。

分布： 马啣山及周边地区有分布。

□ **毛连菜属** *Picris*

— **日本毛连菜** —

Picris japonica

- **描述：** 多年生草本。茎直立，有纵沟纹，全部茎枝被钩状硬毛。基生叶花期脱落；下部茎叶倒披针形、椭圆状披针形或椭圆状倒披针形，基部渐狭成具翼的柄，边缘有细尖齿或钝齿或边缘浅波状，两面被分叉的钩状硬毛；中部叶无柄，基部稍抱茎；上部茎叶渐小，线状披针形。头状花序生于茎顶，伞房花序或伞房状圆锥花序，有线形苞叶；总苞圆柱状钟形，总苞片3层；舌状小花黄色。

- **生境：** 生于海拔650～3650米的山坡草地、林缘林下、路边等处。

- **分布：** 兴隆山有分布。

□ 苦荬菜属 *Ixeris*

— 多色苦荬 —

Ixeris chinensis subsp. *versicolor*

描述： 草本。通常高10～20厘米，茎几上升直立。茎叶通常1或2。头状花序15～25小花，总苞圆柱状，总苞片3～4层；小花的颜色多变，白色，略带紫色，淡黄色或者鲜红色。

生境： 生于山坡草地、林缘、溪边、荒地及沙地。

分布： 兴隆山及周边地区路边常见分布。

兴隆山常见植物图谱

大丁草属 *Leibnitzia*

— 大丁草 —

Leibnitzia anandria

描述： 多年生草本，植株具春秋二型。春型：叶基生，莲座状，于花期全部发育，形状多变异，常为倒披针形或倒卵状长圆形，顶端钝圆，常具短尖头，边缘具齿、波状或琴状羽裂，具齿；花葶单生或数个丛生，直立或弯垂；苞叶疏生，线形或线状钻形。头状花序单生于花葶顶部；总苞片约3层；雌花舌状，顶端具不整齐的3齿，带紫红色。两性花管状二唇形。秋型：植株较高，头状花序外层雌花管状二唇形，无舌片。

生境： 生于山顶、山谷丛林、荒坡、沟边或风化的岩石上。

分布： 兴隆山、石佛沟常见分布。

兴
隆
山
常
见
植
物
图
谱

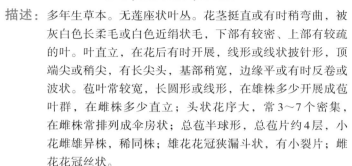

□ **火绒草属** *Leontopodium*

— **火绒草** —

Leontopodium leontopodioides

● 描述：多年生草本。无莲座状叶丛。花茎挺直或有时稍弯曲，被灰白色长柔毛或白色近绢状毛，下部有较密、上部有较疏的叶。叶直立，在花后有时开展，线形或线状披针形，顶端尖或稍尖，有长尖头，基部稍宽，边缘平或有时反卷或波状。苞叶常较宽，长圆形或线形，在雄株多少开展成苞叶群，在雌株多少直立；头状花序大，常 3～7 个密集，在雌株常排列成伞房状；总苞半球形，总苞片约4层，小花雌雄异株，稀同株；雄花花冠狭漏斗状，有小裂片；雌花花冠丝状。

● 生境：多生于海拔100～3200米的干旱草原、黄土坡、石砾地、山区草地。

● 分布：马啣山常见分布。

□── □ 火绒草属 *Leontopodium*

── 矮火绒草 ──

Leontopodium nanum

描述：多年生草本。垫状丛生，有顶生的莲座状叶丛，疏散丛生或散生。茎直立，草质，被白色棉状厚茸毛。基部叶在花期生存；茎部叶较莲座状叶稍长大，直立或稍开展，匙形或线状匙形，顶端有隐没于毛茸中的短尖头。苞叶少数，直立；头状花序常单生或3个密集；总苞被灰白色绵毛；总苞片4～5层；雄花花冠有小裂片；雌花花冠细丝状，花后增长。

生境：生于低山和高山湿润草地、泥炭地或石砾坡地。

分布：石佛沟、马啣山及周边地区常见分布。

兴隆山 常见植物图谱

□ **橐吾属** *Ligularia*

掌叶橐吾

Ligularia przewalskii

描述： 多年生草本。茎直立，光滑，被长的枯叶柄纤维包围。叶片轮廓卵形，掌状4～7裂，裂片3～7深裂，中裂片二回3裂，小裂片边缘具条裂齿，两面常光滑，叶脉掌状；茎中上部叶少而小，掌状分裂，常有膨大的鞘。总状花序长达48厘米；头状花序多数，辐射状；总苞片4～6枚，2层，线状长圆形；舌状花2～3个，黄色，舌片线状长圆形；管状花常3个。

生境： 生于山谷林地、草坡及溪岸。

分布： 马啣山及周边地区有分布。

□ 橐吾属 *Ligularia*

— 箭叶橐吾 —
Ligularia sagitta

描述： 多年生草本。茎上部被白色蛛丝状柔毛，后无毛。丛生叶与茎下部叶箭形、戟形或长圆状箭形，边缘有小齿，两侧裂片外缘常有大齿，上面光滑，下面被白色蛛丝状柔毛，叶脉羽状，叶柄具窄翅，基部鞘状；茎中部叶与下部叶同形，较小，具短柄，鞘状抱茎；最上部叶苞状。头状花序多数，辐射状；苞片窄披针形或卵状披针形，草质；小苞片线形；总苞钟形或窄钟形，总苞片7～10枚，2层；舌状花5～9个，黄色，舌片长圆形；管状花多数。

生境： 生于海拔1270～4000米的溪边、草坡、林缘、林下及灌丛。

分布： 马啣山及周边地区有分布。

囊吾属 *Ligularia*

— **黄帚囊吾** —
Ligularia virgaurea

兴隆山常见植物图谱

描述： 多年生灰绿色草本。丛生叶和茎基部叶具柄，柄全部或上半部具翅，翅全缘或有齿；叶片卵形、椭圆形或长圆状披针形，先端钝或急尖，全缘至有齿，边缘有时略反卷，基部楔形，有时近平截，突然狭缩，下延成翅柄，两面光滑；茎生叶小，卵形、卵状披针形至线形，先端急尖至渐尖，常筒状抱茎。总状花序密集或上部密集，下部疏离；苞片线状披针形至线形；头状花序辐射状，常多数，稀单生；小苞片丝状；总苞片 10～14 枚，2 层；舌状花 5～14 个，黄色，舌片线形。

生境： 生于海拔 2600～4700 米的河滩、沼泽草甸、阴坡湿地及灌丛中。

分布： 马啣山及周边地区有分布。

— 同花母菊 —

Matricaria matricarioides

● 描述：一年生草本。茎单一或基部有多数花枝和细小的不育枝，直立或斜升，上部分枝。叶矩圆形或倒披针形，二回羽状全裂；基部稍抱茎，裂片多数，条形。头状花序同型，生于茎枝顶端；总苞片3层，近等长，矩圆形，有白色透明的膜质边缘；花托卵状圆锥形。全部小花管状，淡绿色，冠檐4裂。

● 生境：多生于旷野、路边或宅旁。

● 分布：兴隆山景区有分布。

□─── 耳菊属 *Nabalus*

── 盘果菊 ──
Nabalus tatarinowii

兴隆山 常见植物图谱

描述： 多年生草本。茎直立，单生，上部圆锥状花序常分枝。中下部茎叶心形或卵状心形，边缘全缘或有锯齿，或大头羽状全裂，顶裂片卵状心形、心形、戟状心形或三角状戟形，边缘有三角状锯齿，侧裂片常1对、椭圆形、卵状披针形、偏斜卵形或耳状，边缘有小尖头；上部茎叶与中下部茎叶同形或宽三角状卵形、线状披针形、宽卵形、卵形，不裂。头状花序含5枚舌状小花，多排成疏松圆锥状花序；总苞片3层；舌状小花紫色、粉红色，极少白色或黄色。

生境： 生于海拔510～2980米的山谷、山坡林缘、林下、草地或水旁潮湿地。

分布： 兴隆山、石佛沟景区有分布。

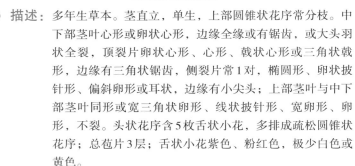

□─────□ **蝟菊属** *Olgaea*

── 刺疙瘩 ──
Olgaea tangutica

● 描述：多年生草本。茎被稀疏蛛丝毛。基生叶线形或线状长椭圆形，羽状浅裂或深裂，侧裂片约10对，边缘不等大2或3刺齿，齿顶具针刺。茎生叶与基生叶同形；全部茎叶基部两侧沿茎下延成茎翼，翼缘具刺齿，齿顶有长针刺。头状花序单生枝端，或4～5个集生于茎端。总苞钟状；总苞片多层。全部苞片顶端针刺状渐尖。小花紫色或蓝紫色，花冠5裂，裂片线形。

● 生境：生于山坡、山谷灌丛、草坡、河滩地、荒地或农田。

● 分布：兴隆山及周边地区有分布。

□— 蟹甲草属 *Parasenecio*

— 三角叶蟹甲草 —
Parasenecio deltophyllus

- **描述**：多年生草本。茎疏被柔毛或近无毛中部叶三角形，边缘具浅波状齿，上面无毛，下面疏被柔毛。基脉3～5条；最上部叶披针形，具短柄。头状花序数个至10个，下垂，在茎端和上部叶腋排成伞房状，花序梗长1～3厘米，疏被卷毛和腺毛，具3～8枚线形小苞片；总苞钟状，总苞片8～10枚，长圆形，长8毫米，有髯毛，边缘宽膜质，背面疏被白色柔毛和腺毛；小花约38个，花冠黄或黄褐色。

- **生境**：生于海拔3100～4000米的山坡林下或山谷灌丛阴湿处。

- **分布**：马啣山及周边地区零星分布。

□—— □ 蟹甲草属 *Parasenecio*

—— 蛛毛蟹甲草 ——
Parasenecio roborowskii

- **描述**：多年生草本。茎被白色蛛丝状毛或后脱毛。中部茎生叶卵状三角形或长三角形，基部平截或微心形，边缘有不规则锯齿，基部5条脉，叶柄被蛛丝状毛；上部叶与中部叶长卵形或长三角形。头状花序在茎端或上部叶腋排成塔状疏圆锥状，偏向一侧，花序梗与花序轴均被蛛状毛和柔毛，具2～3枚线形或线状披针形小苞片；总苞圆柱形，总苞片3枚，线状长圆形；小花1～3个，花冠白色。

- **生境**：生于海拔1740～3400米的山坡林下、林缘、灌丛和草地。

- **分布**：兴隆山景区、石佛沟景区常见分布。

□ **蜂斗菜属** *Petasites*

— 蜂斗菜 —

Petasites japonicus

兴隆山常见植物图谱

- **描述：** 多年生草本，雌雄异株。基生叶具长柄，叶片圆形或肾状圆形，不分裂，边缘有细齿，基部深心形。苞叶紧贴花葶。雄株：花茎在花后不分枝。头状花序多数，在上端密集成密伞房状，有同形小花；总苞基部有披针形苞片；总苞片2层，近等长；全部小花管状，两性，不结实。雌株：花葶有密苞片，花后常伸长；密伞房状花序，花后排成总状；头状花序具异形小花；雌花多数；花柱明显伸出花冠。

- **生境：** 生于溪流边、草地、林下或灌丛。

- **分布：** 石佛沟景区栈道旁 有分布。

□ 风毛菊属 *Saussurea*

— 柳叶菜风毛菊 —
Saussurea epilobioides

- **描述**：多年生草本。茎直立，单生。下部及中部茎叶线状长圆形，顶端长渐尖，基部渐狭成深心形而半抱茎的小耳，边缘有真长尖头的深密齿，上面有短糙毛，下面有小腺点；上部茎叶小，与下部及中部茎叶同形，但渐小。头状花序多数，在茎端排成密集的伞房花序；总苞钟状或卵状钟形；总苞片4～5层；小花紫色。

- **生境**：生于海拔2600～4000米的山坡。

- **分布**：马啣山及周边地区常见分布。

兴隆山 常见植物图谱

□ **风毛菊属** *Saussurea*

— 风毛菊 —
Saussurea japonica

描述： 二年生草本。茎无翼，稀有翼。基生叶与下部茎生叶椭圆形或披针形，羽状深裂，裂片7～8对，长椭圆形、斜三角形、线状披针形或线形，裂片全缘，极稀疏生大齿，叶柄有窄翼；中部叶有短柄，上部叶浅羽裂或不裂；叶两面绿色，密被黄色腺点。头状花序排成伞房状或伞房圆锥花序；总苞窄钟状或圆柱形，疏被蛛丝状毛，总苞片6层；小花紫色。

生境： 生于林下、山坡、荒坡、田中。

分布： 马啣山及周边地区常见分布。

□ 风毛菊属 *Saussurea*

— 重齿风毛菊 —
Saussurea katochaete

描述： 多年生无茎莲座状草本。叶莲座状，叶片椭圆形、椭圆状长圆形、匙形、卵状三角形或卵圆形，基部楔形、圆形或截形，顶端渐尖、急尖、钝或圆形，边缘有细密的尖锯齿或重锯齿，上面绿色，下面白色，侧脉多对，在下面明显。头状花序1个，单生于莲座状叶丛中，极少植株有2～3个头状花序；总苞片4层，全部总苞片外面无毛；小花紫色。

生境： 生于海拔2230～4700米的山坡草地、山谷沼泽地、河滩草甸、林缘。

分布： 马啣山景区零星分布。

兴隆山常见植物图谱

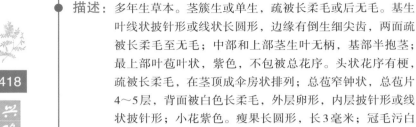

□ 风毛菊属 *Saussurea*

— 钝苞雪莲 —
Saussurea nigrescens

描述： 多年生草本。茎簇生或单生，疏被长柔毛或后无毛。基生叶线状披针形或线状长圆形，边缘有倒生细尖齿，两面疏被长柔毛至无毛；中部和上部茎生叶无柄，基部半抱茎；最上部叶苞叶状，紫色，不包被总花序。头状花序有梗，疏被长柔毛，在茎顶成伞房状排列；总苞窄钟状，总苞片4～5层，背面被白色长柔毛，外层卵形，内层披针形或线状披针形；小花紫色。瘦果长圆形，长3毫米；冠毛污白或淡棕色，2层。

生境： 生于海拔2200～3000米高山草地、高山草甸。

分布： 马啣山及周边地区常见分布。

□ 风毛菊属 *Saussurea*

— 小花风毛菊 —
Saussurea parviflora

描述： 多年生草本。茎有窄翼，疏被柔毛或无毛。下部茎生叶椭圆形，边缘有锯齿，基部沿茎下延成窄翼；中部叶披针形或椭圆状披针形；上部叶披针形或线状披针形，无柄；叶上面被微毛，下面灰绿色，被微毛。头状花序排成伞房状；总苞钟状，总苞片5层，先端或全部暗黑色，无毛或有睫毛，外层卵形或卵圆形，中层长椭圆形，内层长圆形或线状长椭圆形；小花紫色。

生境： 生于山坡阴湿处、山谷灌丛中、林下或石缝中。

分布： 马啣山及周边地区零星分布。

□ 风毛菊属 *Saussurea*

— 星状雪兔子 —

Saussurea stella

描述： 无茎莲座状草本。叶莲座状，星状排列，线状披针形，中部以上长渐尖，向基部常卵状扩大，边缘全缘，两面同色，紫红色或近基部紫红色，或绿色。头状花序无小花梗，多数，在莲座状叶丛中密集成半球形的总花序；总苞片5层，覆瓦状排列，全部总苞片外面无毛，但中层与外层苞片边缘有睫毛；小花紫色。

生境： 多生于高山草地、高山草甸、灌丛草地、河边、沼泽草地、河滩地。

分布： 马啣山及周边地区广泛分布。

□ 华蟹甲属 *Sinacalia*

— 华蟹甲 —

Sinacalia tangutica

描述： 多年生直立草本。茎下部被褐色腺状柔毛。中部叶卵形或卵状心形，羽状深裂，侧裂片3～4对，近对生，长圆形，边缘常具数个小尖齿，上面疏被贴生硬毛，下面沿脉被柔毛及疏蛛丝状毛，羽状脉，叶柄基部半抱茎；上部茎生叶渐小，具短柄。头状花序常排成多分枝宽塔状复圆锥状，花序轴及花序梗被黄褐色腺状柔毛，花序梗具2～3枚线形小苞片；总苞圆柱状，总苞片5枚，线状长圆形；舌状花2～3个，黄色，舌片具2枚小齿，4条脉；管状花花冠黄色。

生境： 多生于山坡草地、悬崖、沟边、草甸、林缘或路边。

分布： 兴隆山景区有分布。

421

兴隆山 常见植物图谱

兴隆山 常见植物图谱

□ 蒲公英属 *Taraxacum*

— 蒲公英 —

Taraxacum mongolicum

描述： 多年生草本。叶倒卵状披针形、倒披针形或长圆状披针形，先端钝或急尖，边缘有时具波状齿或羽状深裂，有时倒向羽状深裂或大头羽状深裂，顶端裂片较大，三角形或三角状戟形，全缘或具齿，每侧裂片3～5片，裂片三角形或三角状披针形，通常具齿，裂片间常夹生小齿，基部渐狭成叶柄，叶柄及主脉常带红紫色。花葶上部紫红色，密被蛛丝状白色长柔毛；总苞钟状，淡绿色，总苞片2～3层；舌状花黄色，边缘花舌片背面具紫红色条纹；冠毛白色。

生境： 多生于中、低海拔地区的山坡草地、路边、田野、河滩。

分布： 兴隆山及周边地区广泛分布。

□── 款冬属 *Tussilago*

— 款冬 —
Tussilago farfara

描述： 多年生草本。早春花叶抽出数个花莛，有鳞片状，互生的
苞叶，淡紫色。后生出基生叶阔心形，具长叶柄，叶片边
缘有波状疏齿。头状花序单生顶端，初直立，花后下垂；
总苞片1～2层，总苞钟状，总苞片线形；边缘有多层雌
花，花冠舌状，黄色；柱头2裂；中央的两性花少数，花
冠管状，顶端5裂。瘦果圆柱形；冠毛白色。

生境： 多生于山谷湿地或林下。

分布： 石佛沟景区常见分布。

兴隆山常见植物图谱

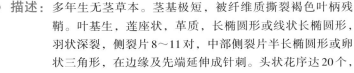

□ 黄缨菊属 *Xanthopappus*

— 黄缨菊 —
Xanthopappus subacaulis

描述： 多年生无茎草本。茎基极短，被纤维质撕裂褐色叶柄残鞘。叶基生，莲座状，革质，长椭圆形或线状长椭圆形，羽状深裂，侧裂片8~11对，中部侧裂片半长椭圆形或卵状三角形，在边缘及先端延伸成针刺。头状花序达20个，密集成团球状，有1~2枚线形或线状披针形苞叶；总苞片8~9层，外层披针形，先端具芒刺，中内层披针形，最内层线形，硬膜质；小花均两性，管状，黄色，顶端5齿裂。

生境： 生于海拔2400~4000米的草甸、草原及干燥山坡。

分布： 马啣山及周边地区有分布。

— 五福花 —

Adoxa moschatellina

描述： 多年生草本。茎单一，纤细，无毛，有长匍匐枝。基生叶1～3枚，一至二回3出复叶，小叶宽卵形或圆形，3裂，叶柄长4～9厘米；茎生叶2枚，对生，3全裂，裂片再3裂。花黄绿色，5～7朵花成顶生头状花序；顶生花的花萼裂片2枚，花冠裂片4枚，外轮雄蕊4枚，花柱4枚；侧生花的花萼裂片3枚，花冠裂片5枚，外轮雄蕊5枚，花柱5枚。核果球形。

生境： 生于海拔4000米以下的林下、林缘或草地。

分布： 兴隆山广泛分布。

□——□ 接骨木属 *Sambucus*

— 血满草 —
Sambucus adnata

描述：多年生高大草本或亚灌木。茎草质；嫩枝具棱条。羽状复叶具叶状或线形托叶；小叶3～5对，长椭圆形、长卵形或披针形，基部两边不等，有锯齿，上面疏被柔毛，脉上毛较密，顶生1对小叶基部下延沿柄相连，有时亦与顶端小叶相连，小叶互生，或近对生；小叶的托叶成瓶状突起腺体。聚伞花序顶生，伞形式，具总花梗，分枝3～5出；花两性，有恶臭；花冠白色；花药黄色；子房3室，花柱极短或几无，柱头3裂。果熟时红色，圆形。

生境：多生于林下、沟边、灌丛中、山谷斜坡湿地以及高山草地。

分布：马啣山及周边地区常见分布。

□ 荚蒾属 *Viburnum*

— 蒙古荚蒾 —

Viburnum mongolicum

描述： 落叶灌木。叶纸质，宽卵形至椭圆形，稀近圆形，顶端尖或钝形，基部圆或楔圆形，边缘有波状浅齿，齿顶具小突尖，上面被簇状或叉状毛，下面灰绿色，侧脉4～5对。聚伞花序具少数花；萼筒矩圆筒形，无毛，萼齿波状；花冠淡黄白色，筒状钟形，无毛；雄蕊约与花冠等长。果实红色而后变黑色，椭圆形。

生境： 生于海拔800～2400米的山坡、疏林下或河滩。

分布： 石佛沟景区偶见分布。

兴隆山 常见植物图谱

□ 荚蒾属 *Viburnum*

— 陕西荚蒾 —

Viburnum schensianum

描述：落叶灌木。叶纸质，卵状椭圆形、宽卵形或近圆形，先端钝或圆，有时微凹或稍尖，基部圆，有较密小尖齿，初上面疏被叉状或簇状短毛，侧脉5～7对。聚伞花序径6～7厘米，果时达9厘米；萼筒圆筒形，无毛，萼齿卵形；花冠白色，辐状，无毛，筒部长约1毫米，裂片圆卵形；雄蕊与花冠等长或稍长。果熟时红色，后黑色，椭圆形。

生境：生于海拔700～2200米的山谷混交林、松林下或山坡灌丛中。

分布：石佛沟景区偶见分布。

□ 川续断属 *Dipsacus*

Caprifoliaceae 忍冬科

— **日本续断** —

Dipsacus japonicus

描述： 多年生草本。茎具4～6棱，棱具钩刺。基生叶具长柄，
长椭圆形，分裂或不裂；茎生叶对生，椭圆状卵形或长椭
圆形，先端渐尖，基部楔形，常3～5裂，顶裂片最大，
裂片基部下延成窄翅，具粗齿或近全缘，有时全为单叶对
生，上面被白色短毛，叶柄和下面脉上均具疏钩刺和刺
毛。头状花序圆球形；总苞片线形，具白色刺毛；苞片倒
卵形，两侧具长刺毛；花萼盘状，4裂；花冠常紫红色，
漏斗状，4裂；小总苞具4条棱，顶端具8枚齿。瘦果长圆
楔形。

生境： 生于山坡、路旁和草坡、草地、林下。

分布： 兴隆山、石佛沟景区常见分布。

429

兴隆山 常见植物图谱

□ 忍冬属 *Lonicera*

— 蓝靛果 —

Lonicera caerulea var. edulis

兴隆山 常见植物图谱

描述： 落叶灌木。幼枝有长、短两种硬直糙毛或刚毛，老枝棕色，壮枝节部常有大形盘状的托叶，茎犹如贯穿其中。叶矩圆形、卵状矩圆形或卵状椭圆形，稀卵形，顶端尖或稍钝，基部圆形，两面疏生短硬毛，下面中脉毛较密且近水平开展，有时几无毛。苞片条形，长为萼筒的2～3倍；花冠外面有柔毛，基部具浅囊；雄蕊的花丝上部伸出花冠外；花柱无毛，伸出。果蓝黑色，稍被白粉，椭圆形。

生境： 生于海拔2600～3500米落叶林下或林缘阴处灌丛中。

分布： 石佛沟景区零星分布。

☐ 忍冬属 *Lonicera*

— 金花忍冬 —
Lonicera chrysantha

● 描述： 落叶灌木。叶纸质，菱状卵形、菱状披针形、倒卵形或卵
状披针形，顶端渐尖或急尾尖，基部楔形至圆形，两面脉
上被直或稍弯的糙伏毛，中脉毛较密，有直缘毛。苞片条
形或狭条状披针形；小苞片分离，卵状矩圆形、宽卵形、
倒卵形至近圆形；萼齿圆卵形、半圆形或卵形，顶端圆或
钝；花冠先白色后变黄色，外面疏生短糙毛，唇形，筒内
有短柔毛；花丝中部以下有密毛；花柱全被短柔毛。果实
红色，圆形。

● 生境： 生于沟谷、林下或林缘灌丛中。

● 分布： 兴隆山景区、石佛沟景区有分布。

□ **忍冬属** *Lonicera*

— 葱皮忍冬 —
Lonicera ferdinandi

● 描述： 落叶灌木。幼枝常具刺刚毛，老枝茎皮成条状剥落，冬芽具2枚舟形外鳞片，壮枝具叶柄间托叶。叶卵形至矩圆状披针形，边具睫毛，通常两面疏生刚伏毛或上面近无毛，稀下面生毡毛。总花梗极短；苞片披针形至卵形；小苞片合生成坛状壳斗，包围全部子房，内外均有柔毛；花冠黄色，外面生柔毛并杂有腺毛或倒生小刺刚毛，唇形，上唇具4枚裂片。浆果红色，包以撕裂的壳斗。

● 生境： 生于海拔1000～2500米的山坡灌丛。

● 分布： 兴隆山景区零星分布。

□ 忍冬属 *Lonicera*

— 刚毛忍冬 —
Lonicera hispida

● 描述：落叶灌木。叶厚纸质，椭圆形、卵状椭圆形、卵状长圆形或长圆形，稀线状长圆形，基部有时微心形，近无毛或下面脉有少数刚伏毛或两面均有刚伏毛和糙毛，边缘有刚睫毛。苞片宽卵形，毛被与叶片同；相邻两萼筒分离，常具刚毛和腺毛，稀无毛，萼檐波状；花冠白或淡黄色，漏斗状，外面有糙毛或刚毛或几无毛，有时兼有腺毛，冠筒裂片直立；雄蕊与花冠等长；花柱伸出。果熟时先黄色，后红色，卵圆形或长圆筒形。

● 生境：生于山坡林中、林缘灌丛中或高山草地上。

● 分布：兴隆山、马啣山有分布。

□—— 忍冬属 *Lonicera*

434

—— 红脉忍冬 ——
Lonicera nervosa

描述：落叶灌木。叶纸质，初带红色，椭圆形或卵状长圆形，上面中脉、侧脉和细脉均带紫红色，两面无毛或上面被微糙毛或微腺。苞片钻形；杯状小苞长约萼筒的一半，有时裂成2对，具腺缘毛或无毛；相邻两萼筒分离，萼齿三角状钻形，具腺缘毛；花冠先白色后黄色，外面无毛，内面基部密被柔毛，冠筒稍短于裂片，基部具囊；雄蕊与花冠上唇近等长；花柱端部具柔毛。果熟时黑色，圆形。

生境：生于海拔2100～4000米的山麓林下灌丛中或山坡草地上。

分布：兴隆山景区有分布。

□— 忍冬属 *Lonicera*

— 红花岩生忍冬 —

Lonicera rupicola var. *syringantha*

- **描述**：落叶灌木。叶脱落后小枝顶常呈针刺状。叶纸质，常3～4枚轮生，条状披针形、矩圆状披针形至矩圆形，顶端尖或稍具小凸尖或钝形，基部楔形至圆形或近截形，边缘背卷，叶下面无毛或疏生短柔毛。花生于幼枝基部叶腋；苞片叶状，条状披针形至条状倒披针形；杯状小苞顶端截形或具4浅裂至中裂，有时小苞片完全分离，相邻两萼筒分离，萼齿狭披针形；花冠淡紫色或紫红色，筒状钟形，外面常被毛，裂片卵形，开展，花柱无毛。果实红色，椭圆形。

- **生境**：生于海拔2000～4600米的山坡灌丛中、林缘或河滩。

- **分布**：兴隆山、石佛沟、马啣山常见分布。

忍冬属 *Lonicera*

— 唐古特忍冬 —
Lonicera tangutica

● **描述**：落叶灌木。叶纸质，倒披针形至矩圆形或倒卵形至椭圆形，顶端钝或稍尖，基部渐窄，两面常被稍弯的短糙毛或短糙伏毛，常具糙缘毛。总花梗生于幼枝下方叶腋，纤细，稍弯；苞片狭细，有时叶状；小苞片分离或连合；相邻两萼筒中部以上至全部合生，椭圆形或矩圆形；花冠白色、黄白色或有淡红晕，筒状漏斗形，筒基部稍一侧肿大或具浅囊，裂片近直立，圆卵形；花药内藏；花柱高出花冠裂片。果实红色。

● **生境**：生于云杉、落叶松等林下或混交林中、山坡草地、溪边灌丛中。

● **分布**：兴隆山、石佛沟景区常见分布。

— **盘叶忍冬** —

Lonicera tragophylla

描述： 落叶藤本。叶纸质，长圆形或卵状长圆形，稀椭圆形，下面粉绿色；花序下方1～2对叶连合成近圆形或圆卵形的盘，盘两端通常钝形或具短尖头。由3朵花组成的聚伞花序密集成头状花序生小枝顶端，有6～9朵花；萼筒壶形，萼齿三角形或卵形；花冠黄至橙黄色，上部外面略红色，唇形，冠筒稍弓弯，内面疏生柔毛；雄蕊着生唇瓣基部，无毛；花柱伸出，无毛。果熟时由黄至红黄色，后深红色，近圆形。

生境： 生于林下、灌丛中或河滩旁岩缝中。

分布： 石佛沟景区有分布。

兴隆山 常见植物图谱

忍冬属 *Lonicera*

华西忍冬

Lonicera webbiana

- **描述**：落叶灌木。叶纸质，卵状椭圆形至卵状披针形，顶端渐尖或长渐尖，基部圆或微心形或宽楔形，边缘常不规则波状起伏或有浅圆裂，有睫毛，两面有疏或密的糙毛及疏腺。苞片条形；小苞片甚小，分离，卵形至矩圆形；相邻两萼筒分离，萼齿微小，顶钝、波状或尖；花冠紫红色或绛红色，很少白色或由白变黄色，唇形，筒甚短，基部较细，具浅囊，向上突然扩张，上唇直立，具圆裂。果实先红色后转黑色，圆形。

- **生境**：生于海拔1800～4000米的针、阔叶混交林或山坡灌丛中、草坡上。

- **分布**：兴隆山景区西山有分布。

□— 败酱属 *Patrinia*

— 糙叶败酱 —

Patrinia scabra

描述： 多年生草本。茎多数丛生。基生叶倒卵长圆形、长圆形、卵形或倒卵形，羽状浅裂、深裂至全裂或不分裂而有缺刻状钝齿，裂片条形、长圆状披针形或披针形，顶生裂片常具缺刻状钝齿或浅裂至深裂；茎生叶长圆形或椭圆形，羽状深裂至全裂，常具3～6对侧生裂片。顶生伞房状聚伞花序具3～7级对生分枝；萼齿5枚，截形、波状或卵圆形；花冠黄色，较大，漏斗状钟形；小苞片倒卵状长圆形、长圆形或卵状长圆形。瘦果倒卵圆柱状；果苞网脉常具2条主脉。

生境： 生于草原带、森林草原带的石质丘陵坡地石缝或较干燥的阳坡草丛。

分布： 兴隆山景区公路旁常见分布。

兴隆山常见植物图谱

□ 莛子藨属 *Triosteum*

— 莛子藨 —

Triosteum pinnatifidum

描述： 多年生草本。茎开花时顶部生分枝1对，中空。叶羽状深裂，基部楔形至宽楔形，近无柄，轮廓倒卵形至倒卵状椭圆形，裂片1～3对，顶端渐尖；茎基部的初生叶有时不分裂。聚伞花序对生，各具3朵花，有时花序下具卵全缘的苞片，在茎或分枝顶端集合成短穗状花序；萼筒被刚毛和腺毛，萼裂片三角形；花冠黄绿色，筒基部弯曲，一侧膨大成浅囊，裂片圆而短，内面有带紫色斑点。果卵圆，肉质，具3条槽，冠以宿存的萼齿。

生境： 生于针叶林下及溪边向阳处。

分布： 兴隆山、马啣山周边地区有分布。

□ **楤木属** *Aralia*

— 楤木 —

Aralia elata

描述： 灌木或小乔木。小枝疏生多数细刺，刺基部膨大。叶为二回或三回羽状复叶；托叶和叶柄基部合生，先端离生部分线形；叶轴和羽片轴基部通常有短刺；羽片有小叶5～11枚；小叶片阔卵形、卵形至椭圆状卵形，基部圆形至心形，稀阔楔形，边缘疏生锯齿。圆锥花序伞房状；伞形花序有花多数或少数；苞片和小苞片披针形，膜质；花瓣5片，开花时反曲；花柱5枚。果实球形，黑色，有5棱。

生境： 生于林下、林缘、灌丛或路边。

分布： 兴隆山有分布。

□─ 五加属 *Eleutherococcus*

— 红毛五加 —
Eleutherococcus giraldii

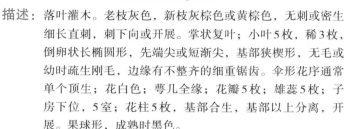

描述： 落叶灌木。老枝灰色，新枝灰棕色或黄棕色，无刺或密生细长直刺，刺下向或开展。掌状复叶；小叶5枚，稀3枚，倒卵状长椭圆形，先端尖或短渐尖，基部狭楔形，无毛或幼时疏生刚毛，边缘有不整齐的细重锯齿。伞形花序通常单个顶生；花白色；萼几全缘；花瓣5枚；雄蕊5枚；子房下位，5室；花柱5枚，基部合生，基部以上分离，开展。果球形，成熟时黑色。

生境： 生于海拔1300～3500米的灌木丛林中。

分布： 石佛沟景区栈道旁零星分布。

兴隆山常见植物图谱

□ 五加属 *Eleutherococcus*

— 藤五加 —

Eleutherococcus leucorrhizus

描述： 灌木。有时蔓生状。节上有刺1至数个或无刺，稀节间散生多数倒刺；刺细长，基部不膨大，下向。叶有小叶5枚；小叶片纸质，长圆形至披针形，或倒披针形，稀倒卵形，先端渐尖，稀尾尖，基部楔形，边缘有锐利重锯齿。伞形花序单个顶生，或数个组成短圆锥花序，有花多数；花绿黄色；萼边缘有5枚小齿；花瓣5枚，长卵形，开花时反曲；雄蕊5枚；子房5室，花柱全部合生成柱状。果实卵球形，有5条棱，宿存花柱短。

生境： 生于海拔1000～3200米的丛林中。

分布： 石佛沟景区栈道旁零星分布。

□ **当归属** *Angelica*

444

— **青海当归** —

Angelica nitida

描述： 多年生草本。基生叶一至二回羽状全裂，裂片 2～4 对；叶柄基部膨大成叶鞘；茎上部叶为一至二回羽状全裂，叶片轮廓为阔卵形；顶生叶简化成囊状叶鞘。复伞形花序，伞辐 9～19 条；无总苞片；小伞形花序密集或近球形，有花 18～40 朵；小总苞片 6～10 枚，披针形；花瓣白色或黄白色，稀紫红色，长卵形；花柱基扁平，紫黑色，花柱短而叉开。果实长圆形至卵圆形，侧棱翅状，背棱线状；背棱槽内有油管 1 条，侧棱槽内有油管 2 条，合生面油管 2 条。

生境： 生于海拔 2600～4000 米的高山灌丛、草甸、山谷及山坡草地。

分布： 兴隆山景区公路旁零星分布。

□— 峨参属 *Anthriscus*

峨参

Anthriscus sylvestris

描述：二年生或多年生草本。茎多分枝，近无毛或下部有细柔毛。基生叶有长柄；叶卵形，二回羽状分裂，小裂片卵形或椭圆状卵形，有锯齿，下面疏生柔毛；茎生叶有短柄或无柄，基部鞘状，有时边缘有毛。复伞形花序；伞辐4～15条，不等长；小总苞片5～8枚，卵形或披针形，先端尖，反折；花白色，稍带绿色或黄色。果长卵形或线状长圆形，光滑或疏生小瘤点。

生境：生于山坡林下或路旁以及山谷溪边石缝中。

分布：兴隆山及周边地区有分布。

□ 柴胡属 *Bupleurum*

— 北柴胡 —

Bupleurum chinense

兴隆山常见植物图谱

描述： 多年生草本。茎上部多回分枝长而开展，常呈"之"字曲折。基生叶披针形，先端渐尖，基部缢缩成柄；茎中部叶披针形，有短尖头，叶鞘抱茎，7～9条脉，下面常有白霜。复伞形花序多，成疏散圆锥状；总苞片2～3枚或无，窄披针形；伞辐3～8条，纤细；小总苞片5枚，披针形；伞形花序有花5～10朵，花瓣小舌片长圆形，顶端2浅裂；花柱基深黄色。果椭圆形，褐色，棱翅窄，淡褐色；每棱槽中3～4条油管，合生面4条油管。

生境： 生于向阳山坡路边、岸旁或草丛中。

分布： 马啣山及周边地区有分布。

□ **柴胡属** *Bupleurum*

— 黑柴胡 —

Bupleurum smithii

描述：多年生草本。数茎直立或斜升，粗壮。基部叶丛生，狭长
圆形或长圆状披针形或倒披针形，顶端钝或急尖，有小突
尖，基部渐狭成叶柄，叶基扩大抱茎；中部的茎生叶狭长
圆形或倒披针形，下部较窄成短柄或无柄，顶端短渐尖，
基部抱茎；序托叶长卵形，基部扩大，有时有耳。总苞片
1～2枚或无；伞辐4～9条；小总苞片6～9枚，卵形至阔
卵形，顶端有小短尖头，黄绿色；花瓣黄色，有时背面带
淡紫红色。果棕色，卵形，棱薄，狭翼状；每棱槽内油管
3条，合生面3～4条。

生境：生于海拔1400～3400米的山坡草地、山谷、山顶阴处。

分布：马啣山及周边地区有分布。

447

□ 棱子芹属 *Pleurospermum*

— 松潘棱子芹 —

Pleurospermum franchetianum

兴隆山常见植物图谱

描述： 多年生草本。茎直立，粗壮，有条棱。基生叶和茎下部叶有长柄，叶片轮廓卵形，近三出式3回羽状分裂，末回裂片披针状长圆形，边缘有不整齐缺刻；茎上部的叶简化，仅托以叶鞘。顶生复伞形花序有短的花序梗，花都能育；侧生复伞形花序不育；总苞片8～12枚，狭长圆形，顶端3～5裂，边缘白色；伞辐多数；小总苞片8～10枚，全缘或顶端3浅裂，有宽的白色边缘；花多数；花瓣白色，基部明显有爪；花药暗紫色。果实椭圆形，主棱波状，侧棱翅状，每棱槽中有油管1条。

生境： 生于海拔2500～4300米的高山坡或山梁草地上。

分布： 马啣山有零星分布。

□ 棱子芹属 *Pleurospermum*

— 粗茎棱子芹 —
Pleurospermum wilsonii

描述：多年生草本。茎直立，淡紫色，有细条棱。基生叶叶柄下部变宽呈鞘状，叶片轮廓长圆形或长圆状披针形，常近2回羽状分裂，一回羽片5～7对，宽卵圆形，羽状3～5裂，二回羽片不分裂或2～3裂，最上部的3～5裂。顶生复伞形花序；伞辐7～15条；总苞片5～8枚，叶状，下部有宽的白色膜质边缘，上部有数对二回羽状裂片；小总苞片5～8枚；花瓣白色或淡黄绿色，有时带紫红色，基部有爪；花药紫红色。果实长圆形，每棱槽有油管1～2条，合生面2条。

生境：生于海拔3000～4500米的山坡草地、草甸。

分布：马啣山山顶常见分布。

□ 变豆菜属 *Sanicula*

— 首阳变豆菜 —
Sanicula giraldii

450

描述： 多年生草本。茎直立，无毛。基生叶肾圆形或圆心形，掌状3～5裂，裂片边缘有不规则的重锯齿；叶柄基部有宽膜质鞘；茎生叶掌状分裂，裂片边缘有重锯齿或大小不等的缺刻。花序2～4回分叉；总苞片叶状、对生、不分裂或2～3浅裂；伞形花序2～4出，小总苞片细小；小伞形花序有花6～7，雄花3～5；花瓣白色或绿白色，顶端内曲；两性花常3，萼齿和花瓣的形状同雄花；花柱向外开展。果实卵形至宽卵形，表面有钩状皮刺；油管不明显。

生境： 生于海拔1500～2900米的山坡林下、路边、沟边等处。

分布： 兴隆山景区公路旁广泛分布。